草原碳增汇功能区划与调控模式

以呼伦贝尔草原和毛乌素沙地为例

—— 李政海　周延林　吕世海　等/著

科学出版社

北　京

内 容 简 介

在全球气候变化背景下，重要生态系统与区域碳库功能状态及其动态变化已成为学术界的研究热点。本书以扎实的野外工作为基础，全面分析了我国北方草原区和毛乌素沙地植被分布规律，建立了草原区域测产和主要生态系统类型生物量估测模型，详细阐述了草原与沙地生态系统碳库特征与区域分布规律，提出了碳增汇功能区划技术方法，编制了研究区域碳增汇功能区划图，探讨了不同尺度上增强草原生态系统碳汇功能的生态调控途径。

本书可供环境保护、资源开发、资产评估、农林科技、生态评价与规划及生态管理等领域的科研、教学和管理人员参考与应用。

图书在版编目(CIP)数据

草原碳增汇功能区划与调控模式：以呼伦贝尔草原和毛乌素沙地为例 / 李政海等著 . —北京：科学出版社，2019. 1

（北方重要生态功能区生态安全管理理论与实践）

ISBN 978-7-03-059250-7

Ⅰ. ①草… Ⅱ. ①李… Ⅲ. ①草原–碳–储量–研究–内蒙古 Ⅳ. ①S812

中国版本图书馆 CIP 数据核字（2018）第 242142 号

责任编辑：张　菊 / 责任校对：彭　涛
责任印制：张　伟 / 封面设计：无极书装

科学出版社 出版

北京东黄城根北街 16 号
邮政编码：100717
http://www.sciencep.com

北京虎彩文化传播有限公司 印刷

科学出版社发行　各地新华书店经销

*

2019 年 1 月第　一　版　　开本：787×1092　1/16
2019 年 1 月第二次印刷　　印张：10 3/4
字数：260 000

定价：138.00 元
（如有印装质量问题，我社负责调换）

《北方重要生态功能区生态安全管理理论与实践》
丛书编委会

《草原碳增汇功能区划与调控模式
——以呼伦贝尔草原和毛乌素沙地为例》
著 者 名 单

主 笔　李政海　周延林　吕世海

成 员　张　靖　鲍雅静　胡志超　呼格吉勒图　宝音陶格涛
　　　　董建军

丛　书　序

重要生态功能区是指生态环境极度脆弱、生态系统服务功能特别重要、空间分异规律十分显著、在维护国家和区域生态安全方面起关键作用的生态区域，如水源涵养重要区、土壤保持重要区、防风固沙重要区、生物多样性保护重要区、洪水调蓄重要区等。2008年，由国家环境保护总局和中国科学院共同发布的《全国生态功能区划》，将全国共划分为 3 个大类、9 个类型、216 个生态功能区，其中划定的重要生态功能区有 50 个。2015 年新修编的《全国生态功能区划》，进一步强化了生态系统服务功能保护的重要性，加强了与《全国主体功能区规划》的衔接，全国生态功能区总数增至 242 个，其中确定的重要生态功能区有 63 个，覆盖我国陆地国土面积的 49.4%，对构建科学合理的生产空间、生活空间和生态空间，保障国家和区域生态安全具有十分重要的意义。

北方重要生态功能区是指位于我国北方地区的防风固沙重要区、水源涵养重要区、土壤保持重要区以及生物多样性保护重要区等，这些区域既是国家主体功能区规划中的限制开发区，也是我国北方重要的生态屏障区。然而，最近几十年，由于受人类不合理的经济活动和全球气候变化的共同影响，我国的重要生态功能区生态系统服务功能呈明显下降趋势，特别是植被退化、生产力下降，土地荒漠化、沙尘暴肆虐，水源涵养能力下降、水土流失加剧等现象已成为制约区域工农业生产和人民生活的主要因素。为此，《国家环境保护"十二五"规划》将重要生态功能区列为生态保护与建设领域的重点，《国家中长期科学和技术发展规划纲要（2006—2020 年)》也明确把"生态脆弱区域生态系统功能的恢复重建"列为环境重点领域四大优先主题之一。因此，合理保护重要生态功能区的生态环境质量，既是实现区域协调、可持续发展的基础，也是维护国家生态安全的重大战略行动。

2011 年，环境保护部将"北方重要生态功能区的生态限值与安全性评价技术研究"列为该年度国家环境保护公益行业科研专项重点项目（201109025）予以支持。该项目重点以保持和维护区域生态系统服务功能为出发点，立足重要生态功能区当前迫切需要解决的环境管理难点问题，在辨析区域生态环境问题及其成因的基础上，进行了防风固沙重要区经济利用限值与安全性评价技术体系研究、水源涵养重要区生态功能稳定维持与合理植被格局研究、基于碳减排的区域生态调控模式研究、区域生态安全格局优化与评价技术研究等，旨在缓减经济发展与生态环境保护的空间冲突，稳定维持区域生态系统服务功能，为实现区域生态保护与经济社会协调发展、促进区域生态系统良性循环提供技术保障。

本丛书为国家环境保护公益行业科研专项重点项目（201109025）重要研究成果，共三册，由吕世海研究员负责策划、组稿与统稿，项目组全体成员共同编辑完成。其中，《草原生态功能维护理论与应用》，由吕世海、吴新宏等著；《北方水源涵养功能维护与植被调控》，由张文军、吕世海等著；《草原碳增汇功能区划与调控模式——以呼伦贝尔草原和毛乌素沙地为例》，由李政海、周延林、吕世海等著。项目在实施过程中，先后得到环境保护部呼伦贝尔森林草原交错区科学观测试验研究站、内蒙古辉河国家级自然保护区管理局、呼伦贝尔市林业局等单位的大力支持。在此，对所有付出辛勤劳动的同仁，表示诚挚的感谢！

本丛书经多次审阅、修改后定稿。由于编著者学识水平有限，书中难免存在诸多不足或谬误，切望得到各位专家、学者和有识之士的批评指正。

作　者
2018 年 9 月

前　　言

在全球气候变化背景下，重要生态系统以及区域碳库功能状态及其动态变化已成为学术界的研究热点。在《联合国气候变化框架公约》以及《京都议定书》的约束下，积极挖掘区域生态系统碳汇潜力以应对气候变化也是各国政府制定国家环境保护战略和经济发展战略所必须面对的重要命题，其最终目标就是要将温室气体的浓度稳定在使气候系统免遭破坏的水平。2010 年，温家宝总理在出席哥本哈根气候变化领导人会议时承诺，中国下一步自主减排的目标是到 2020 年单位国内生产总值二氧化碳排放量比 2005 年下降 40% ~ 45%。积极实施节能减排的环境保护战略与产业结构调整对策可以收到良好的温室气体"缩源"效果。同时，通过深入研究我国北方重要生态功能区碳汇功能动态变化规律，寻求有效的生态增汇途径，对我国履行《联合国气候变化框架公约》和在国际碳贸易中居于主动地位具有极其重要的意义。

《国家中长期科学和技术发展规划纲要（2006—2020 年）》明确指出，改善生态与环境是事关经济社会可持续发展和人民生活质量提高的重大问题，并将实施区域环境综合治理、大幅度提高改善环境质量的科技支撑能力列为环境领域的主要发展思路之一。特别是在面向 21 世纪我国实施西部大开发的战略中，生态建设被提到了极为重要的位置。《全国生态环境保护纲要》《国务院关于落实科学发展观加强环境保护的决定》《中华人民共和国国民经济和社会发展第十一个五年规划纲要》等重要文件均明确强调了保护生态环境，加快建设资源节约型、环境友好型社会，促进经济发展与人口、资源、环境相协调的原则思路。而在《国家环境保护"十一五"科技发展规划》中，特别将"区域生态环境保护与生态系统监测技术"列为重点发展领域的优先主题，支持开展生态系统监测指标与方法研究，生态交错区、脆弱区分布、变化与监测评估方法与保护对策研究。

当前，以使用化石燃料为基础的经济社会发展模式排放了大量的温室气体导致全球气候变化，引发了气候变暖、极端天气、气象灾难、海平面上升，危及整个人类的生存和发展。无疑，工业革命建立起来的以大量使用化石燃料为基础的经济社会发展模式，将越来越难以持续。为遏制全球气候变化，人类必须大幅减少化石燃料的使用，减少温室气体排放。未来的经济社会发展模式必须建立在低碳基础之上，通过低碳发展、研发和推广低碳能源技术、增加碳汇、发展碳吸收技术，以及节能减排、产业升级、消费模式更新和制度创新，大幅提高单位碳排放的生产效率，推动应对气候变化取得新的重大进展。

在上述背景情况下，本书以我国北方重要生态功能区为对象，研究草原与沙地区域碳排放特征，确定生态系统碳汇、碳源以及碳增汇潜力的时空分布规律，制订生态碳增汇功能区划，确立基于植被恢复的碳减排调控途径。相关研究成果可以为国家环保部门制定生态环境保护战略、确定区域碳减排途径与生态调控模式提供科学依据，并为今后可能开展的国家或重点区域生态碳增汇功能区划工作进行方法探索，通过确定生态碳增汇功能区，为北方重要生态功能区生态安全格局的整体构建提供基础支持。由于作者水平所限，错误之处在所难免，敬请谅解。

作　者
2018 年 8 月

目　　录

| 1 |　绪　　论

1.1　研究背景与意义

在全球气候变化背景下，极端天气现象频发等一系列生态环境问题突现，越来越受到社会各界的广泛关注。导致全球气候变化的影响因素有很多，现阶段，许多专家、学者基本都赞同人类因直接排放或者土地利用等原因所排放的温室气体导致了全球气候变化这一观点。若不采取有效的措施，这种趋势持续下去将危及整个人类的生存与发展。减少人类活动所造成的温室气体排放、增加陆地和海洋生态系统碳汇，是减缓当前全球气候变化的核心思路（于贵瑞等，2011a）。在《联合国气候变化框架公约》及《京都议定书》的约束下，各国政府制定国家环境保护战略和经济发展战略所必须面对的重要命题，最终目标是要将温室气体的浓度稳定在使气候系统免遭破坏的水平。特别是温家宝总理在出席哥本哈根气候变化会议领导人会议时承诺，中国下一步自主减排目标是到 2020 年使单位国内生产总值（gross domestic product，GDP）二氧化碳排放比 2005 年下降 40%~45%。我国已被认为是全球最大碳排放国之一，当前经济模式导致我国减缓排放压力很大。在这种形势下，除在社会经济领域积极实施节能减排与产业结构调整等"缩源"方式以外，在生态环境保护领域，可拓展森林、草原和湿地等陆地生态系统碳固定能力，实现对温室气体的减源增汇。

植物通过"光合作用"吸收大气中的 CO_2 合成有机物，死亡植物的根系和凋落层的一部分凋落物经过腐殖化作用后，在土壤中形成有机碳并固定下来。森林作为碳固定的主体已经被重视，发展碳汇林业已经写入我国"十二五"规划。草原作为我国最大的陆地生态系统，约占全国土地面积的 40%，长期以来，草原从业人员缺乏对草原碳汇功能的认识，很少从草原碳汇的角度进行生产管理。随着碳贸易市场的逐步形成，草原作为重要的碳汇将具有很高的价值，可能将远高于草原生产所创造的价值（张英俊等，2013）。草地生态系统是陆地生态系统中分布最广泛的类型之一，覆盖几乎 20% 的陆地面积，在全球碳循环中起着重要作用，其碳储量占全世界总碳储量的 9%~16%。草地巨大的分布面积和地下碳储存能力使其成为中国陆地生态系统潜在的碳汇。中国草地面积占国土总面积的41.17%，占世界草地总面积的 6%~8%，我国草地植被单位面积有机碳密度为 0.32~0.35kg C/m^2（朴世龙，2004）。经测算，草地植被碳储量约为 3.06Pg（1 Pg = 10^{15}g），土壤碳储量约为 41.03Pg，我国草地总碳储量约为 44.09Pg（Ni，2002）。

草原生态系统在植物固定 CO_2 的同时，通过草原土壤呼吸和动植物呼吸等排放 CO_2。固定 CO_2 量大于排放 CO_2 量，则草原生态系统被称为"碳汇"，反之则称为"碳源"（张英俊等，2013）。

受温度和降水等气候因子与草原管理措施影响，草地碳库会发生汇和源的转换（Lu et al.，2009）。近些年来的过度放牧等不合理的畜牧业活动，已经造成了我国草地生态系统，特别是土壤的有机碳储量明显减少。严酷的自然条件和频繁的人类活动，使得原本敏感而脆弱的生态系统面临着退化的威胁（樊恒文等，2002），将"植物—土壤"连续体中所固定的碳以 CO_2 的形式释放到大气中（Helld and Tottrup，2008），由碳汇变成碳源。反之，气候条件的改善或合理的草地利用和管理将有利于增加土壤有机质含量，极大地提高草地的固碳能力，由"源"变"汇"（张英俊等，2013）。例如，Wang 等（2011）测算，随着 1.8 亿 hm^2 草地封育和人工草地建植计划的实施，至 2020 年我国草地每年可以多固定 0.24Pg C。

1.2 草地生态系统固碳估算方法

陆地生态系统有机碳固定的研究最早起源于美国，20 世纪 90 年代美国能源部开始研究如何将大气中的 CO_2 封存在土壤中，从而降低温室效应的负面影响（戴尔阜等，2015），并于 2001 年提出了固碳科学（carbon sequestration science）和固碳科学技术（science and technology of carbon sequestration）的概念（潘根兴等，2007）。美国土壤学会将土壤固碳定义为，碳固定是碳以稳定固体的形式被储存，是通过大气 CO_2 被直接或间接固定而实现的。前者是植物通过光合作用将大气中的 CO_2 转化为植物能量；后者是 CO_2 转化为诸如土壤碳酸盐的过程（张志丹等，2011）。而生态系统碳增汇潜力是相对于某个基准水平而言的增加能力，其因选择不同的基准年或基准水平来分析增汇潜力的结果可能是完全不同的（于贵瑞等，2011a）。近年来，国内的诸多学者针对草地生物量碳库开展了大量的研究，并采用不同方法估算了草地植被碳储量，取得了可喜的进展。依据估算原理，可大致将目前的估算方法分为碳储量清单法、模型估算法和涡度相关法等。

碳储量清单法，是利用不同植被/土壤类型的碳密度乘以该类型面积得到碳储量（Pan et al.，2004），碳密度可以来自文献记录，也可以来自野外调查数据。该方法最早可追溯到 Olson 等于 1983 年建立的全球植被类型的生物量碳密度数据库（Olson et al.，1983），随后这种高度简化的植被生物量碳密度的类似方法在国际上被广泛采用（高添，2013）。例如，王绍强等（2003）根据中国第二次土壤普查土种剖面数据采用土壤类型法估算中国陆地土壤有机碳蓄积量；于东升等（2005）基于中国 1∶100 万土壤数据库，利用土壤有机碳储量和碳密度的空间化表达及计算方法研究中国土壤有机碳密度及储量；Yang 等（2007）计算得出内蒙古自治区典型草原 1m 深土壤有机碳密度为 $0.6kg/m^2$；Fang 等（2010）研究发现，中国草地生态系统土壤有机碳密度为 $0.085\sim0.151kg/m^2$。该方法具有直接和技术简单等优点，较适用于中小尺度碳源汇的研究，特别适用于拥有多期植被类型（土地利用/覆盖）图形或统计数据的研究，其结果对缺乏准确的 CO_2 通量测量数据的区域进行碳储量的估测有一定的参考和借鉴作用，但同时也存在"因基础（采样）数据差异而造成研究结果差距较大"的问题（于东升等，2005）。此外，由于地下生物量测定都极其困难，通常采用地上和地下生物量的比值作为经验常数来推测地下生物量，但是这种经验常数的确定本身就已存在很大的不确定性，将其应用于区域碳收支评估会产生较大的误差。

　　模型估算法包括气候模型、遥感反演模型、光能利用率模型和生态系统过程模型等（Han et al.，2014）。例如，张方敏等（2010）的 BEPS、Peng 等（2011）的 TriPlex 及 Foley 等（1996）的 IBIS 等生态系统过程机理的模式，可以应用于农业和森林生态系统的固碳潜力分析；方精云等（2007）利用草场资源清查资料、卫星遥感数据，估算中国草地面积约为 331×10^6 hm^2，总碳库为 1.15Pg C，总碳密度为 3.46t C/hm^2，年均碳汇为 0.007Pg C；朴世龙等（2004）利用中国草地资源清查资料，并结合同期的遥感影像，建立了基于最新修正的归一化植被指数（normalized difference vegetation index，NDVI），估算我国草地植被总地上生物量为 146.16Tg C，总地下生物量为 898.60Tg C，总地下生物量是总地上生物量的 6.15 倍。因此，这类方法多用于区域到国家和全球尺度，而应用到区域（或更小）尺度会遇到参数的可获得性问题、遥感数据空间分辨率与时间分辨率的矛盾问题、模型可靠性和尺度转化等方面问题。

　　涡度相关法，或称为涡度相关通量观测法，其提供了一种直接测定植被与大气间 CO_2、水、热通量的方法（Massman，2002）。涡度相关指某种物质的垂直通量，即这种物质的浓度与其垂直速度的协方差。涡度相关法可测得生态系统长期或短期的环境变量，使人类能定量理解生态系统中水和 CO_2 的交换过程，能更深入地了解气候变化对生态系统所造成的影响（宋霞等，2003），弥补了生物量清查法、地面同化箱和卫星遥感等测定方法在时间上的不连续及积累数据耗时长等方面的不足，可以在较短的时间内获得大量高时间分辨率的 CO_2 通量和环境变化数据，为开展不同时间尺度的碳通量变化及其环境响应机理研究提供了方便，已在全球范围内得到广泛应用，成为研究森林和草地等植被与大气 CO_2 交换量最直接而有效的观测方法（于贵瑞等，2006）。可是，涡度相关技术仍是一种小尺度生态系统观测方法，其结果本身还只是代表观测塔周边的生态系统碳收支特征，如果盲目地将站点的观测结果直接外推到更大区域尺度会导致较大的不确定性。

1.3　草地生态系统固碳的影响因素

　　草地生态系统的碳库包括植物和土壤两部分。其中，超过90%的碳储存在土壤中，地上生物量中的碳所占的比例不到10%（Schuman et al.，2002）。对草地生态系统来说，植物碳库相对比较稳定，因此，对草地生态系统固碳能力的管理主要考虑土壤的固碳能力（Lal，2004）。大量实验观测表明，过度放牧等原因导致的草地退化将造成土壤有机碳的损失，而一些人类活动，特别是人工种草、围封草场和退耕还草等措施可以促进草地土壤有机碳的恢复和积累，具有固定大气 CO_2 的能力。

1.3.1　气候变化的影响

　　植物的光合作用是陆地生态系统碳循环的一个重要环节，无论是森林、海洋还是草地生态系统都离不开这一环节，即与陆地生态系统的固碳植物的生长有着密切的关系，因此，影响植物生长的气候因素，也成为影响陆地生态系统的重要原因之一（李新宇和唐海萍，2006）。随着空气 CO_2 浓度增加，草原生产力水平和水分利用效率均有所提高，草原固碳能力增强。研究表明，1m 土壤有机碳密度在降水为 400～500mm 和 500～800mm 的草地生态系统分别为 144g/hm²、164Mg/hm²（$1Mg = 10^6 g$），降水是制约不同草地生态系统土壤有机碳储量及碳固持速率的主要因子（Su et al.，2005）。在水缺乏的荒漠草原和典型草原，生物量与降水量显著相关，降水量增多会提高草原生产力，增加草原碳固持能力（Bai et al.，2004）；干旱胁迫降低了生长季内蒙古自治区锡林河流域羊草草原生态系统生产力和碳累积量，使生态系统由碳汇变为碳源（Hao et al.，2010）。

温度对不同草原类型生产力的影响不同。在温带湿润草原，升温延长了植物生长期，提高了草地生产力和碳储量。但在干旱和半干旱草原，蒸发和干旱程度随温度升高而加剧，特别在降水量没有增加的情况下，草原生产力和碳固持随着温度升高而下降。徐小锋等（2007）研究发现，在气候变暖条件下，高纬度地区的生态系统植被碳库表现为增加趋势，低纬度地区的生态系统植被碳库变化不大。土壤碳库因不同生态系统表现出不同的变化特点，总体来说在全球尺度上表现为土壤碳库的减少。但我国青藏高原，其拥有永久冻土层，并分布着广泛的高寒草原和沼泽，气温升高有可能使其变成巨大的碳源（侯晓莉，2012）。

因此，在全球气候变化情况下，草地碳汇功能的变化及其作用机制还需要进一步研究，以草原碳汇为目标的管理措施，必须综合考虑气候变化对碳固持的影响。

1.3.2　土地利用的影响

陆地生态系统对大气中温室气体的变化起着重要的调节作用，它不仅是自然界碳的载体，更是人类社会经济活动的空间载体，它既可以通过光合作用吸收大气中的 CO_2 减缓气候变化，也可以由于土地利用造成碳排放而加快气候变化进程（于贵瑞等，2011b）。土地利用所导致的土地覆盖变化过程中往往伴随着大量的碳交换（Watson et al.，2000）。研究表明，土地利用所造成的碳排放已经成为仅次于化石燃料的人为碳排放源（Houghton and Hackler，2003）。实现区域陆地生态系统碳增汇、研究增汇潜力及其机制，以及科学地评估其碳汇效应等，是地球系统碳循环研究的热点之一（王秋凤等，2012）。对草地而言，土地用途的改变与土地利用强度的加重是主要的土地利用变化形式。

就影响强度而言，土地用途的改变（如草地开垦）是影响草原土壤碳储量最为剧烈的人类活动之一。开垦使土壤中的有机质充分暴露在空气中，土壤温度和湿度条件得到改善，从而极大地促进了土壤呼吸作用，加速了土壤有机质的分解（Anderson and Coleman，1985），导致土壤中有机碳的大量释放（李凌浩，1998）。全世界范围内，草地转化为农田后将造成土壤有机碳密度降低 59%（Guo and Gifford，2002）；Qi 等（2007）在内蒙古自治区发现，典型草原耕作 30 年后，土壤有机碳含量从 29.5g/kg 下降至 21.9g/kg；Davidson 和 Ackerman（1993）发现草地开垦为农田后，由于土壤呼吸作用的增强，土壤将损失 30%～

50%的碳储量。相对于草地开垦，过度放牧所造成的碳损失要"温和"得多，过度放牧促进草地土壤的呼吸作用，缓慢地促进碳从土壤中释放（吴建国，2003），这个过程将持续至少20年（Li and Chen，1997）。过度放牧使内蒙古自治区羊草草原初级生产力降低了60%（李永宏，1992），且过度放牧使草地表层土壤（0~20cm）中碳储量降低了12.4%。青藏高原芨芨草型温性草原退化草地的碳储量比原生草地低了近20t/hm²（张法伟等，2011）。

1.3.3　草地管理措施的影响

放牧作为一种人类活动干扰因子，通过影响草地生态系统的物质生产，能量分配，动物的采食、践踏及排泄物的输入，改变草地群落生物量分配。草地管理措施包括草场围封、人工种草、改良草场、飞播种草、退耕还草和禁牧等，合理和适宜的草原管理将使土壤有机碳增加（郭然等，2008）。

围栏封育是我国退化草地植被恢复的主要措施，若在重度退化草地全面实施围栏封育措施，固碳潜力每年达12.01Tg C。围封作为最简单有效的草地管理措施，在减缓侵蚀并恢复土壤的养分含量方面发挥了重要作用。瞿王龙等（2004）研究了阿拉善荒漠草地围封恢复对土壤有机碳的影响，结果表明，0~10cm土层中有机碳含量显示为围封6a（2.17g/kg）>围封2a（1.79g/kg）>自由放牧（1.72g/kg），10~20cm土层中土壤有机碳含量随恢复时间略有增加；尚雯等（2012）以流动沙丘为对照，研究了不同围封年限下科尔沁退化沙质草地表层（0~15cm）土壤有机碳的变化，结果表明，14a和26a围封样地土壤有机碳含量随围封年限的增加而增加；敖伊敏等（2011）以内蒙古自治区典型草原为研究对象，发现重度退化草地采取生长季围封措施后土壤有机碳含量显著高于自由放牧地，且随围封年限的增加呈上升趋势，均在围封14a样地出现最大值。

退耕还草和退牧还草等草地恢复措施可以通过改善土壤理化性质、土壤微生物群落结构、植被群落结构及功能，提高凋落物及枯落物的输入，控制水土流失，以及减少风蚀等提高土壤有机碳含量（Shang et al.，2012），草地植被恢复可以显著增加土壤有机碳库（Jia et al.，2012）；Acharya等（2012）研究发现，耕地转化为永久性草地，能显著增加土壤有机碳储量（Liu et al.，2008）；中国黄土高原地区自1999年实施退耕还林还草工程后，土壤有机碳储量增速约为0.7Tg C/a。

草地禁牧或恢复措施可以显著提高地上生物量、根系生物量、凋落物生物量、土壤有机碳含量及土壤呼吸和生态系统呼吸速率。土壤呼吸和生态系统呼吸与植被覆盖度、地上生物量、地下生物量和土壤水分含量呈正相关。土壤水分含量是土壤微生境中控制土壤呼吸和生态系统呼吸的关键因素。对比放牧的草地，禁牧10a后草地0~50cm中的土壤碳储量增加18.3%（15.5 Mg C/hm²），围封牧场30a，土壤碳储量将增加21.9%（18.5 Mg C/hm²）（He et al.，2012）。禁牧减少了草地地上植被的损失量，有利于土壤碳储量的积累（邹婧汝和赵新全，2015），禁牧或正在恢复的区域均表现为碳汇，可比放牧草地固定更多的CO_2（希吉勒，2012），维持并且促进草地生态系统的碳固定，这是一种积极的管理措施（王东，2015）。

1.4　主要内容与章节安排

在上述背景情况下，以北方重要生态功能区为平台，选取具有代表性的内蒙古自治区呼伦贝尔草原和地处毛乌素沙地腹地的乌审旗为研究区，这两处研究区不仅是欧亚草原的重要组成部分，同时也是草地生态系统类型保存最完整和最齐全的区域。通过研究呼伦贝尔草原与乌审旗的碳排放特征，采用野外调查、资料收集、遥感分析、室内测定和情景分析等方法开展研究工作，在固碳量研究的基础上，制订区域生态碳增汇功能区划方法体系，并提出区域碳增汇途径与生态调控模式，确立基于植被恢复的碳减排调控途径。

全书共分为7章。第1章为绪论。第2章介绍研究区概况及研究技术路线与研究方法。第3章分别从区域和局地尺度，采用遥感目视解译的方法获得研究区植被分布规律与主要特征，并结合野外调查方法估算出呼伦贝尔草原和毛乌素沙地地区植被生物量特征，随后分析不同退化阶段群落中物种优势度及群落生物量的变化特征和不同退化阶段土壤的理化性质与放牧强度对不同深度土层有机质的影响。第4章在分析草原植物与不同类型土壤碳含量的基础上，估算呼伦贝尔草原及毛乌素沙地陆地生态系统碳库储量及变化情况。第5章分析呼伦贝尔草原与毛乌素沙地碳增汇潜力。在呼伦贝尔草原，首先揭示了其植被覆盖状况与未退化最佳状态的差距及变化规律，以此对不同区域的碳增汇潜力进行估测；其次，结合野外调查与实验室样品分析，分析了呼伦贝尔草原林草交错区樟子松林群落特征及其碳增汇功能。在毛乌素沙地，采用多水平模型从区域和局地两个尺度上分析乌审旗1977～2007年沙漠化变化情况，分析气候变化、人类活动与政策变化等驱动力对其变化的影响，并采用不同发展情景计算乌审旗各植被类型面积变化和碳库储量变化情况，为指导乌审旗生态建设、提高陆地生态系统碳储量提供科学依据。第6章提出通过构建碳密度参照图层与碳增汇潜力图层的方法，完成呼伦贝尔草原碳增汇功能区划一级区与二级区的划分。第7章在区域尺度、局域尺度和家庭牧场尺度探讨呼伦贝尔草原碳增汇的生态调控模式，并对毛乌素沙地提出增加森林覆盖度、转变土地利用方式和湿地保育等适合这些地区提高碳库储量的可行措施。

本书的研究成果可以为国家和地方环保部门制定生态环境保护战略、确定区域碳减排途径与生态调控模式提供科学依据，并为今后可能开展的国家或重点区域生态碳增汇功能区划工作进行方法探索，通过确定生态碳增汇功能区，为北方重要生态功能区生态安全格局的整体构建提供基础支持。

| 2 |　研究区概况与研究方法

2.1　研究区概况

研究区为具有代表性的内蒙古自治区呼伦贝尔草原和地处毛乌素沙地腹地的乌审旗。

呼伦贝尔草原以陈巴尔虎旗、鄂温克族自治旗、新巴尔虎左旗、新巴尔虎右旗、满洲里市为典型研究区，选取樟子松林、大针茅草原、羊草草原、贝加尔针茅草原、线叶菊草原和薹草草甸群落等为研究对象，范围覆盖了呼伦贝尔草原的各种类型和绝大部分区域。

地处毛乌素沙地腹地的乌审旗，多为固定/半固定沙地、流动沙丘，主要植被类型有沙柳灌丛、中间锦鸡儿灌丛、固定/半固定沙地油蒿群落、流动沙地先锋植物群落和低湿地植被等。

2.1.1　呼伦贝尔草原概况

呼伦贝尔草原位于内蒙古自治区东北部，是世界三大草原之一，东望黑龙江省，南接兴安盟，西和西南与蒙古国接壤，北和西北与俄罗斯为界。地处 47°05′N ~ 53°20′N，115°31′E ~ 123°00′E，纵跨纬度为 6°15′，南北相距 700km，横占经度为 7°29′，东西相距 630km，总面积约为 10 万 km²。行政区涉及呼伦贝尔草原的牧业 4 个旗（新巴尔虎右旗、新巴尔虎左旗、陈巴尔虎旗局部、鄂温克族自治旗的局部）及 3 个市（满洲里市、海拉尔区、额尔古纳市南部）。

呼伦贝尔草原位于呼伦贝尔高平原区，大兴安岭西侧。海拔为 500 ~ 900m，地势东低西高，但整体平坦辽阔，起伏变化平稳，四周是低山丘陵。

呼伦贝尔草原属于半干湿的中温带季风气候，东部为半湿润地带，西部为半干旱地带。昼夜温差较大，冬季漫长寒冷，夏季短暂凉爽，受蒙古高压气团控制，大陆性气候明显。年降水量为 240 ~ 400mm，平均气温为 −1 ~ 0℃。年日照时数可达 3000 h，年蒸发量为 600mm。

呼伦贝尔草原土壤肥力较高，自西向东递增，主要类型分别为栗钙土、暗栗钙土和黑钙土，草原与林地的过渡地带多为黑钙土。

呼伦贝尔草原属于温性、暖温性典型草原地带，植被类型以丛生禾草、旱生植物占优势的温性典型草原为主。西部以典型草原为主，以羊草、大针茅和克氏针茅为建群种或优势种；东部以温性草甸草原为主，以贝加尔针茅、羊草、线叶菊、糙隐子草和杂类草草型等为主体。

呼伦贝尔高原受蒙古高压气团控制，大陆性气候明显，温凉、半湿润、半干旱，形成了广阔的高平原草甸草原和典型草原，是呼伦贝尔市重要的畜牧业基地。高原的大部分地区及高原西部的丘陵地带，广泛发育了以丛生禾草、旱生植物占优势的温性典型草原，是呼伦贝尔草原的主体植被类型。由于受地下水和地表积水等因素的影响，该区还形成了大面积的低地草甸和沼泽植被。在呼伦贝尔高原上还分布有三条沙带和零星沙丘，沙地中固定、半固定沙丘与广阔的丘间低地相间分布。

2.1.2 毛乌素沙地概况

毛乌素沙地为我国四大沙地之一，处于鄂尔多斯高原向陕北高原过渡地带，沙地面积约为 4 万 km²，固定沙地和半固定沙地的面积较大。位于 107°20′E ~ 111°30′E，37°30′N ~ 39°20′N。海拔为 1100 ~ 1400m，由西北方向向东南方向倾斜。

乌审旗位于鄂尔多斯高原东南部、毛乌素沙地腹地，面积为 11 645km²，具有毛乌素沙地典型的地理、气候和植被特征，地处 37°38′N ~ 39°23′N，108°17′E ~ 109°40′E。地势由西北向东南倾斜，海拔为 1300 ~ 1400m。地貌类型以形态分为波状高原、梁地、内陆湖淖、滩地、流动与半流动沙丘、固定沙地、黄土梁和河谷地等，呈现"梁地、滩地、沙地"相间的分布特征。

该区域属于温带大陆性季风气候，年平均气温为 6.8℃，年降水量为 350 ~ 400mm。土壤类型包括沙地发育的各类风沙土，梁地上发育的栗钙土，滩地、丘间低地、湖滨低地和河漫滩等发育的草甸土、盐碱土。土地利用以放牧为主，少量农业集中在该区北部、东部和东南部水分条件较好的区域。沙生植被（非地带性植被）是乌审旗最有代表性和分布最广的类群，主要类型有油蒿群落、中间锦鸡儿灌丛、沙柳乌柳灌丛（柳湾）、沙地柏灌丛、杨柴灌丛。在滩地发育有靠潜水补给的草甸植被，一些滩地底部分布有碱湖，沿湖滨分布有盐生植被和沼泽。

2.2 技术路线与研究方法

2.2.1 技术路线

采用野外调查、资料收集、遥感分析、室内测定和情景分析等方法开展研究工作，在固碳量研究的基础上，制定区域生态碳增汇功能区划方法体系，并提出区域碳增汇途径与生态调控模式。技术路线如图 2-1 所示。

2.2.2 野外调查

在呼伦贝尔草原的樟子松林、大针茅草原、羊草草原、贝加尔针茅草原、线叶菊草原

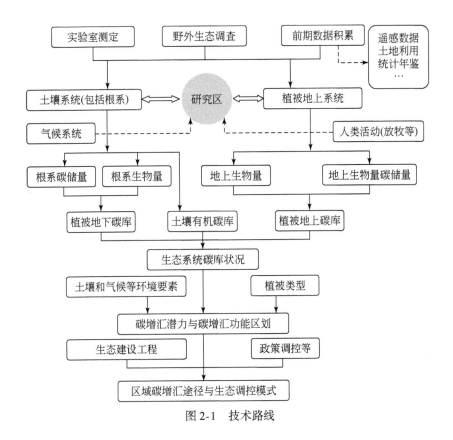

图 2-1　技术路线

和薹草草甸等，以及毛乌素沙地的沙柳灌丛、中间锦鸡儿灌丛、固定沙地油蒿群落、半固定沙地油蒿群落、流动沙地先锋植物群落与低湿地植被等不同植被类型的典型地段，各设置 5 ~ 10 个样地，每个样地设置 10 ~ 20 个样方。

呼伦贝尔草原的草本植物地上样方为 1m×1m；毛乌素沙地根据实际情况，调整样方的大小，草本植物地上样方为 1m×1m、2m×2m、5m×5m，灌木地上样方为 5m×5m、10m×10m、50m×50m、100m×100m。

样方调查内容包括植物群落物种组成、覆盖度、每一物种株丛数、高度、地上生物量、凋落物、地下生物量、土壤容重和土壤样品等。地下生物量（根系）用直径为 6.5cm 的根钻取样。土壤容重、土壤样品和根系取样深度均按 7 层进行，分别为 0 ~ 5cm、5 ~ 10cm、10 ~ 20cm、20 ~ 30cm、30 ~ 50cm、50 ~ 70cm 和 70 ~ 100cm，每个土壤深度 5 次重复。

野外调查工作于 2011 ~ 2013 年每年的 7 月中下旬至 9 月下旬进行。

呼伦贝尔草原共调查了 95 个样地，820 个草本植物地上样方，42 个土壤剖面，2100 钻分层土壤取样，2100 钻分层根系取样。

乌审旗共调查了 27 个样地，180 个草本植物地上样方，85 个灌木地上样方，17 个土壤剖面，800 钻分层土壤取样，800 钻分层根系取样，剖挖测定 106 个灌木/半灌木标准株。

最终，共获取植物样品 3000 余份，土壤样品 2000 余份，所有样品均进行碳储量测定。

2.2.3　资料收集

研究区多年遥感资料、土地利用资料、统计年鉴和《内蒙古自治区资源系列地图》等。

1）呼伦贝尔草原遥感数据源：1981～2000 年的 NOAA/AVHRR NDVI 月合成产品，空间分辨率为 2km（中国农业科学院提供）；2001～2012 年的 MODIS MOD13Q1 NDVI 数据产品（http：//ladsweb. modaps. eosdis. nasa. gov/search/），空间分辨率为 250m；2005 年的 Landsat 5TM，空间分辨率为 30m；2012 年的 Landsat TM，空间分辨率为 30m；2012 年 HJ-1A、HJ-1B 的 CCD1 和 CCD2，空间分辨率为 30m；2012 年的 MODIS NDVI，16 天合成产品，空间分辨率为 250m。

2）毛乌素沙地（乌审旗）遥感数据源：1977 年的 Landsat 3 MSS，空间分辨率为 90m；1977 年、1987 年、1997 年和 2007 年的 Landsat 5 TM，空间分辨率为 30m；2012 年 HJ-1A、HJ-1B 的 CCD1 和 CCD2 数据，空间分辨率为 30m；2012 年的 Landsat 5 TM，空间分辨率为 30m。

以上遥感数据经一系列校正，如传感器灵敏度随时间变化、长期云覆盖引起的 NDVI 值反常、北半球冬季由太阳高度角变高引起的数据缺失、云和水蒸气引起的噪声等，另外也经过大气校正及 NOAA 系列卫星信号的衰减校正，从而消除了因分辨率不同导致的数据差异，保证了数据质量。

| 3 | 研究区植被分布规律与主要特征

3.1 植被分布特征

3.1.1 呼伦贝尔草原植被分布特征

遥感数据源为 2012 年 HJ-1A、HJ-1B 的 CCD1 和 CCD2 数据，空间分辨率为 30m，共 7 景（表 3-1）。遥感数据源选择标准为植物生长旺盛季节（6～9 月），云量<2%。采用 2005 年呼伦贝尔草原已校正的 Landsat 5 TM 卫星数据对其进行几何校正，校正方法为二次多项式，重采样方法为最近邻法，均方根误差小于 5；投影方式为通用墨卡托投影，中央经线为 117°，东移 500km，中央经线比例系数为 0.9996，WGS84 椭球体。经处理后的呼伦贝尔草原遥感影像如图 3-1 所示。

表 3-1 环境卫星数据获取时间

编号	卫星	传感器	轨道行	轨道列	数据获取时间
1	HJ-1B	CCD1	1	49	2012-08-05
2	HJ-1A	CCD1	3	53	2012-09-06
3	HJ-1B	CCD1	456	53	2012-09-15
4	HJ-1A	CCD2	452	52	2012-08-24
5	HJ-1B	CCD2	4	56	2012-08-12
6	HJ-1B	CCD2	454	56	2012-08-15
7	HJ-1B	CCD2	451	56	2012-07-23

使用 ArcGIS 10.0 软件对 2012 年呼伦贝尔草原遥感影像进行解译，假彩色合成（4-3-2 波段）。解译过程中参考了《内蒙古自治区资源系列地图：植被类型图》，解译完成后建立拓扑关系，并清除碎屑多边形（最小图斑为 100 hm²），最后获得 2012 年呼伦贝尔草原植被类型图。将解译结果与野外调查点（共 55 个）结果进行对比，解译精度在 95% 以上，解译结果如图 3-2 所示。

图 3-1　呼伦贝尔草原遥感影像（2012 年）

图 3-2　呼伦贝尔草原植被类型图（2012 年）

其中，一级植被类型有6个，即森林、灌丛、草原、低湿地植被、人工植被和其他；二级植被类型有10个，即寒温针叶林、落叶阔叶林、沟谷及河岸林、灌丛、林缘杂类草草甸/禾草杂类草草甸草原、丛生禾草/根茎禾草典型草原、草原带沙地植被、低湿地植被、人工植被和其他；三级植被类型有36个（表3-2）。

表3-2　呼伦贝尔草原植被类型汇总

一级植被类型	二级植被类型	三级植被类型	代码	斑块数（个）	面积（hm²）
森林	寒温针叶林	兴安落叶松林	11	70	5 519 072.74
		樟子松林	12	22	225 495.37
	落叶阔叶林	白桦山杨林	13	125	2 512 364.23
		蒙古栎林	14	52	2 218 634.47
	沟谷及河岸林	沟谷杂木林/河岸柳林	15	16	209 302.91
灌丛	灌丛	柴桦灌丛，有时含散生的兴安落叶松、白桦，并结合草甸	21	37	637 797.45
		榛子、胡枝子灌丛，并常与林缘草甸相结合	22	37	569 784.43
草原	林缘杂类草草甸/禾草杂类草草甸草原	杂类草、薹草林缘草甸	31	33	383 860.65
		杂类草、禾草、薹草草原化草甸	32	65	541 599.21
		线叶菊、禾草、杂类草草甸草原	33	62	721 097.59
		贝加尔针茅、杂类草草原（未退化）	34	9	89 206.71
		羊草、中生杂类草草甸草原（未退化）	35	32	296 428.14
		贝加尔针茅+寸草薹（轻度退化）	36	1	38 354.05
		羊草+寸草薹（轻度退化）	37	5	38 645.51
		贝加尔针茅+寸草薹（中度退化）	38	8	90 706.76
		冷蒿、糙隐子草变型（重度退化）	39	14	79 668.78
	丛生禾草/根茎禾草典型草原	羊草、丛生禾草草原（未退化）	41	79	1 512 863.07
		大针茅草原（未退化）	42	34	617 652.77
		克氏针茅草原（未退化）	43	23	494 968.95
		丛生小禾草、沙生杂类草草原（未退化）	44	22	354 039.12
		羊草、克氏针茅+冷蒿（轻度退化）	45	27	566 822.37
		冷蒿+糙隐子草变型（重度退化）	46	9	150 241.06
		隐子草+冷蒿退化草原（中度退化）	47	36	488 889.53
	草原带沙地植被	沙地杂木灌丛（固定沙地）	51	6	55 630.41
		沙蒿（固定沙地）	52	9	50 048.89
		沙蒿（半固定沙地）	53	6	67 579.37
		沙地先锋植物群聚（流动沙地）	54	10	126 245.93
低湿地植被	低湿地植被	禾草、薹草、杂类草河漫滩草甸	61	42	470 449.86
		芨芨草、盐化草甸	62	48	263 460.75
		禾草、薹草沼泽化草甸	63	53	1 070 044.80
		塔头薹草、小叶章沼泽	64	72	2 399 159.78

一级植被类型	二级植被类型	三级植被类型	代码	斑块数（个）	面积（hm²）
低湿地植被	低湿地植被	丛桦、金老梅、水藓沼泽	65	11	968 421.29
		芦苇沼泽，常与香蒲、水葱结合	66	8	105 183.05
人工植被	人工植被	耕地	71	128	1 070 819.67
		城镇村及工矿用地	72	29	74 321.45
其他	其他	水域	999	38	241 283.99
合计			—	1278	25 320 145.11

3.1.2 毛乌素沙地植被分布特征

遥感数据为 1977 年的 Landsat MSS（空间分辨率为 90m），1987 年、1997 年和 2007 年的 Landsat TM（空间分辨率为 30m），以及 2012 年的 HJ-1A、HJ-1B（空间分辨率为 30m）。遥感数据以该地区地形图为底图，二次多项式几何校正，最近邻法重采样，均方根误差小于 2，假彩色合成。应用 ArcGIS 10.0 软件并结合 2011 年和 2012 年生长旺季的野外调查资料，对研究区的植被类型进行解译，共获得 1977 年、1987 年、1997 年、2007 年和 2012 年 5 期乌审旗植被类型图（图 3-3）和相应的数据库。

乌审旗植被可划分为六大类型，即森林、沙地半灌木及草本植被、沼泽与草甸、盐生植物、农田群落和其他（主要为水域和城镇工矿用地）（表 3-3）。沙地半灌木及草本植被面积占乌审旗总面积的 83.03%；沼泽与草甸的面积次之，占 9.93%，其余为森林、盐生植物、农田群落及其他，共占乌审旗总面积的 7.04%。

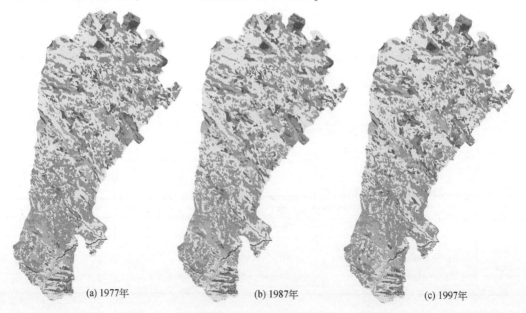

(a) 1977年　　　　　　　(b) 1987年　　　　　　　(c) 1997年

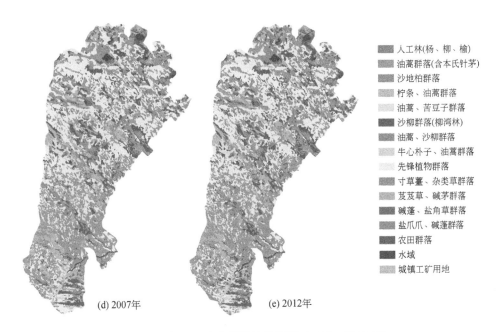

图例：
- 人工林(杨、柳、榆)
- 油蒿群落(含本氏针茅)
- 沙地柏群落
- 柠条、油蒿群落
- 油蒿、苦豆子群落
- 沙柳群落(柳湾林)
- 油蒿、沙柳群落
- 牛心朴子、油蒿群落
- 先锋植物群落
- 寸草薹、杂类草群落
- 芨芨草、碱茅群落
- 碱蓬、盐角草群落
- 盐爪爪、碱蓬群落
- 农田群落
- 水域
- 城镇工矿用地

(d) 2007年   (e) 2012年

图 3-3　乌审旗植被类型图（1977～2012 年）

表 3-3　乌审旗植被类型统计表

类型	面积（km²）	占总面积的比例（%）
森林	65.62	0.56
沙地半灌木及草本植被	9696.85	83.03
沼泽与草甸	1160.07	9.93
盐生植物	134.12	1.15
农田群落	483.36	4.14
其他	139.35	1.19

在六大类的基础上，进一步将其划分为 8 种生境类型（表 3-4）。由表 3-4 可见，乌审旗固定沙地面积最大，为 3959.05km²，占总面积的 33.9%；流动沙地面积次之，为 3582.93km²，占总面积的 30.7%；半固定沙地面积少于流动沙地，为 2154.86km²，占总面积的 18.5%；低湿地面积少于半固定沙地，为 1160.07km²，占总面积的 9.9%。野外实测样地包含这 4 种生境类型，共占乌审旗总面积的 93.0%。

在把乌审旗划分为 8 种生境类型的基础上，进一步划分为 14 种群落类型及水域和城镇工矿用地（表 3-4）。其中，流动沙地的先锋植物群落包括多种植物群落类型，如油蒿群落、沙柳群落、油蒿沙柳群落和油蒿杨柴群落等，面积最大，为 3582.93km²，占总面积的 30.7%；固定沙地油蒿群落面积次之，为 2934.26km²，占总面积的 25.1%；半固定沙地油蒿、沙柳群落面积为 1187.25km²，占总面积的 10.17%；低湿地寸草薹/杂类草群落及半固定沙地沙柳群落面积分别为 901.87km² 和 867.72km²，分别占总面积的 7.7% 和 7.4%；固定沙地柠条、油蒿群落面积为 682.32km²，占总面积的 5.8%；低湿地芨芨草、碱茅群落和固定沙地沙地柏群落面积分别为 258.20km² 和 243.37km²，各占总面积的 2.2% 和 2.1%。

表 3-4　乌审旗植物群落类型统计表

生境类型	群落类型	面积（km²）	面积比例（%）
人工植被	人工林（杨、柳、榆）	65.62	0.56
固定沙地	油蒿群落（含本氏针茅）	2934.26	25.12
	沙地柏群落	243.37	2.08
	柠条、油蒿群落	682.32	5.84
	油蒿、苦豆子群落	99.10	0.85
半固定沙地	沙柳群落（柳湾林）	867.72	7.43
	油蒿、沙柳群落	1187.25	10.17
	牛心朴子、油蒿群落	99.89	0.86
流动沙地	先锋植物群落	3582.93	30.68
低湿地	寸草薹、杂类草群落	901.87	7.72
	芨芨草、碱茅群落	258.20	2.21
盐碱地	碱蓬、盐角草群落	125.33	1.07
	盐爪爪、碱蓬群落	8.78	0.08
农业用地	农田群落	483.36	4.14
其他用地	水域	116.38	1.00
	城镇工矿用地	22.97	0.20

3.2　植被生物量估算

3.2.1　呼伦贝尔草原植被生物量估算

3.2.1.1　地上生物量估算模型

生物量实测数据是 2012 年 8 月在呼伦贝尔草原布点进行地面生物量采集所获得。共布设样点 55 个，每个样点测 5 个 1m×1m 的样方。

将样方数据与其所对应的同期 MODIS 图像上的 NDVI 值（16 天合成产品，空间分辨率为 250m）回归，建立生物量估测模型。为了更好地说明模型对两者之间关系表达的准确程度，选用标准误差（SE）和平均误差系数（MEC）对预测值进行检验，计算公式为

$$\mathrm{SE} = \sqrt{\frac{\sum_{i=1}^{n} (y-y')^2}{n}} ; \quad \mathrm{MEC} = \frac{\sum_{i=1}^{n} \left| \frac{(y-y')}{y} \right|}{n}$$

式中，y 为实测地上生物量干重（g/m²）；y' 为预测地上生物量干重（g/m²）；n 为样本数。

通过分析研究区野外实测 55 个样点的地上生物量与 MODIS-NDVI 的散点关系，分别选取线性函数、对数函数、幂函数、指数函数和三次多项式函数进行回归分析（表 3-5 和图 3-4）。

表 3-5 MODIS-NDVI 与 ANPP 拟合效果

模型类型	n	R	R^2	F	Sig.	模型
线性函数	55	0.782	0.611	83.212	0.000	$y=528x-146.13$
对数函数	55	0.752	0.565	68.803	0.000	$y=253.65\ln x+298.29$
幂函数	55	0.818	0.669	107.203	0.000	$y=482.37x^{2.1261}$
指数函数	55	0.816	0.666	105.502	0.000	$y=12.769e^{4.2498x}$
三次多项式函数	55	0.840	0.706	56.852	0.000	$y=7571.3x^3-10251x^2+4906.4x-727.42$

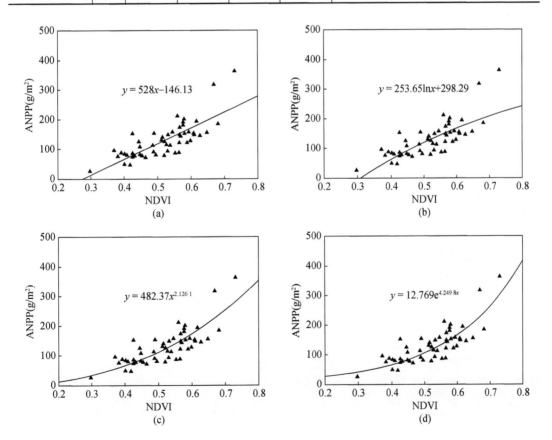

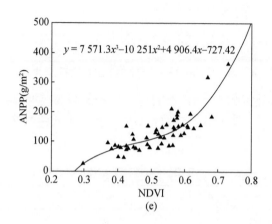

图 3-4　呼伦贝尔草原 MODIS-NDVI 与地上生物量拟合图

结果表明，各模型的拟合效果均较好，R^2 介于 0.565 ~ 0.706，且 F 检验均通过了 0.001 水平上的显著性检验，其中，三次多项式函数模型的拟合效果最好。

建立模型是为了能够较为准确地反演地上生物量。为了进一步验证预测精度，通过计算标准误差（SE＝32.25g/m²）和平均误差系数（MEC＝0.2168），该模型的平均预测精度可达 78.32%。

3.2.1.2　地上/地下生物量相关关系模型

2011 年 7 月 19 日至 8 月 14 日在鄂温克族自治旗及陈巴尔虎旗设置 40 个样地，其中，鄂温克族自治旗设置 15 个、陈巴尔虎旗设置 25 个。每个样地沿 100m 的样带布设 10 个 1m×1m 的群落调查样方，分别调查每个样地 10 个样方的地上活体生物量和凋落物量（干重）。

地下生物量（根系）的取样用直径为 6.5cm 的根钻分别对每个样地奇数样方取样，取样深度分别为 0 ~ 5cm、5 ~ 10cm、10 ~ 20cm、20 ~ 30cm、30 ~ 50cm、50 ~ 70cm、70 ~ 100cm，每个样方每个深度取样 5 次，烘干处理后记录每个样地的根系总生物量干重（5 钻合并）。

根据样方地上/地下生物量总量，对 40 个样地地上/地下生物量总量的相互关系进行分析，分别建立地上生物量与每一土层深度及与 0 ~ 30cm 和 0 ~ 100cm 地下生物量的线性模型、指数函数模型、对数函数模型、幂函数模型和三次多项式函数模型的回归模型。

对呼伦贝尔草原鄂温克族自治旗、陈巴尔虎旗草原两地采集的 200 个样方地上生物量与地下生物量进行相关性分析，计算获得的 R^2 和 P 的数值表明两者相关性明显（表 3-6），且每一土层深度地下生物量与地上生物量相关性都比较明显。

表3-6 呼伦贝尔草原不同土层深度地下生物量与地上生物量的回归关系

土层深度（cm）	回归关系	回归方程	R^2	P
0~5	线性模型***	$y=4.809x-127.2$	0.547	0.002
	指数函数模型***	$y=150.8\mathrm{e}^{0.008x}$	0.449	0.004
	对数函数模型**	$y=460.1\ln x-1\,733$	0.393	0.012
	幂函数模型**	$y=8.251x^{0.819}$	0.354	0.021
	三次多项式函数模型***	$y=0.000\,01x^3-0.113x^2+10.35x+0.844$	0.840	0.002
5~10	线性模型***	$y=1.893x+12.28$	0.393	0.009
	指数函数模型***	$y=71.59\mathrm{e}^{0.009x}$	0.401	0.006
	对数函数模型***	$y=148.9\ln x-471.1$	0.320	0.007
	幂函数模型***	$y=5.286x^{0.779}$	0.377	0.003
	三次多项式函数模型*	$y=0.000\,01x^3-0.134x^2+12.94x-227.6$	0.569	0.062
10~20	线性模型**	$y=1.237x+30.04$	0.391	0.035
	指数函数模型**	$y=53.43\mathrm{e}^{0.009x}$	0.425	0.013
	对数函数模型**	$y=103.0\ln x-312.1$	0.376	0.011
	幂函数模型***	$y=3.610x^{0.803}$	0.431	0.003
	三次多项式函数模型*	$y=0.000\,01x^3-0.034x^2+4.495x-57.96$	0.400	0.061
20~30	线性模型*	$y=0.756x+20.02$	0.380	0.085
	指数函数模型**	$y=29.54\mathrm{e}^{0.010x}$	0.433	0.033
	对数函数模型**	$y=70.25\ln x-221.9$	0.405	0.034
	幂函数模型***	$y=0.986x^{0.976}$	0.491	0.008
	三次多项式函数模型	$y=0.000\,03x^3-0.013x^2+2.599x-48.65$	0.411	0.128
0~30	线性模型***	$y=5.853x+237.8$	0.434	<0.001
	指数函数模型***	$y=414.9\mathrm{e}^{0.006x}$	0.371	0.001
	对数函数模型***	$y=578.0\ln x-1\,798$	0.369	0.001
	幂函数模型***	$y=39.95x^{0.652}$	0.353	0.001
	三次多项式函数模型***	$y=0.000\,01x^3-0.195x^2+24.55x-243.9$	0.506	0.006
30~50	线性模型*	$y=0.911x-12.10$	0.351	0.084
	指数函数模型*	$y=17.60\mathrm{e}^{0.012x}$	0.457	0.054
	对数函数模型*	$y=75.79\ln x-261.9$	0.312	0.052
	幂函数模型**	$y=0.419x^{1.112}$	0.447	0.024
	三次多项式函数模型	$y=-0.000\,01x^3+0.005x^2+0.211x+12.00$	0.353	0.183

土层深度（cm）	回归关系	回归方程	R^2	P
50~70	线性模型***	$y=0.458x+6.459$	0.467	0.010
	指数函数模型***	$y=15.96\mathrm{e}^{0.009x}$	0.430	0.003
	对数函数模型***	$y=45.15\ln x-150.8$	0.437	0.004
	幂函数模型***	$y=0.382x^{1.043}$	0.471	0.001
	三次多项式函数模型**	$y=0.000007x^3-0.003x^2+0.916x-10.55$	0.471	0.020
70~100	线性模型	$y=0.523x-6.531$	0.378	0.114
	指数函数模型***	$y=3.577\mathrm{e}^{0.021x}$	0.569	0.003
	对数函数模型**	$y=45.88\ln x-161.3$	0.410	0.024
	幂函数模型***	$y=0.004x^{1.932}$	0.665	<0.001
	三次多项式函数模型**	$y=-0.00005x^3+0.005x^2+0.472x-20.35$	0.431	0.021
0~100	线性模型***	$y=6.548x+362.5$	0.498	0.002
	指数函数模型***	$y=502.7\mathrm{e}^{0.006x}$	0.457	0.001
	对数函数模型***	$y=580.7\ln x-1596$	0.439	0.001
	幂函数模型***	$y=66.97x^{0.588}$	0.439	0.001
	三次多项式函数模型**	$y=0.00001x^3-0.048x^2+10.26x+309.1$	0.508	0.019

*** 表示 $P<0.01$，** 表示 $0.01<P<0.05$，* 表示 $0.05<P<0.1$

注：y 表示地下生物量，x 表示地上生物量

由表 3-6 可知，地下生物量与地上生物量的相关性极为显著。但不同土层深度的地下生物量与地上生物量的回归关系存在差异。整体上看，虽然三次多项式函数模型回归关系的 R^2 值普遍高于其他 4 种回归关系，但其 P 值相对偏高，在个别土层深度甚至表现出不相关性，所以排除三次多项式函数模型对地上生物量与地下生物量相关性的表示。

其中，0~5cm 地下生物量在排除三次多项式函数模型后，线性模型和指数函数模型显著性高于对数函数模型和幂函数模型，且线性模型的 R^2 值仅次于三次多项式函数模型，所以 0~5cm 土层深度地下生物量与地上生物量的相关性可用线性模型表示为

$$y=4.809x-127.2 \quad (R^2=0.547)$$

同理，在除去三次多项式函数模型后的 4 种函数中，可用显著性较强且 R^2 值较高的函数模型来表示各个土层深度地下生物量与地上生物量的相关性。5~10cm、10~20cm、20~30cm、30~50cm、50~70cm、70~100cm 地下生物量与地上生物量的相关性可分别用下列公式表示：

$$y=71.59\mathrm{e}^{0.009x} \quad (R^2=0.401)$$
$$y=3.610x^{0.803} \quad (R^2=0.431)$$
$$y=0.986x^{0.976} \quad (R^2=0.491)$$
$$y=0.419x^{1.112} \quad (R^2=0.447)$$
$$y=0.382x^{1.043} \quad (R^2=0.471)$$

$$y = 0.004x^{1.932} \quad (R^2 = 0.665)$$

从整体上看，0~30cm 和 0~100cm 土层深度地下生物量与地上生物量除去三次多项式函数模型后的 4 种函数都有强显著相关性，且线性函数的 R^2 值最高，所以 0~30cm 和 0~100cm 可分别用下列线性模型表示：

$$y = 5.853x + 237.8 \quad (R^2 = 0.434)$$

$$y = 6.548x + 362.5 \quad (R^2 = 0.498)$$

在对区域范围草原地下生物量进行估算时，考虑到模型使用的方便性，在显著相关性下，各个土层深度地下生物量与地上生物量的相关性可以用最简单的线性模型来表示。

3.2.1.3 根系垂直分布类型

根系生物量在空间上的分布主要指其垂直分布特征。草原植被地下生物量分布基本呈倒金字塔形，其中，0~15cm 处是根量的主要集中土层，并且大多数的根量分布在土壤的腐殖质层内，进入钙质层的根量很少，而且环境水分条件越充足，相对根量越少；反之，干旱度越大，相对根量越多，地上/地下生物量的差距也越大。黄德华等（1996）对内蒙古自治区锡林河流域贝加尔针茅草原、克氏针茅草原、线叶菊草原地下生物量的研究表明，0~30cm 土层的根系生物量分别占根系总生物量的 74.4% 和 68.66%。张宏（1999）对分布于毛乌素沙地南缘的禾草杂类草天然草地进行的研究结果表明，根系生物量的垂直分异明显呈 T 形分布，70% 以上分布在 0~20cm 土层，40~50cm 土层的根系生物量只占8%。耿浩林（2006）在对克氏针茅群落的根系生物量的研究中发现，0~30cm 土层的根系生物量是 30~80cm 土层根系生物量的 2 倍之多，整体上呈 T 形分布。Dahlman 等（1965）在研究中发现，80% 的根系生物量分布在 5~25cm，地下生物量的对数与土层深度呈线性相关关系。Lauenroth（1992）在研究中发现，0~15cm、15~30cm 和 45~60cm的土层深度中，根系生物量分别占总根系生物量的 69%~70%、7%~8% 和 4%~6%。

这些研究表明，地下生物量的垂直分布具有比较一致的总体规律，草原植被根系生物量的分布总体趋势自上而下呈 T 形分布，因此，有些研究者通过建立数学模型来定量描述地下生物量的垂直分布规律，并根据大量资料总结地下生物量百分数随深度变化的垂直分布规律。

上述研究成果给出了草原植被根系生物量在土层中分布规律的基本认知，而且大部分研究都侧重于群落整体根系分布的总体规律，却忽视了草原植物群落根系分布构型的多样性特点及其影响因素问题。放牧动物的啃食和践踏对草地生态系统植物根系功能群组成、根系分布和功能等均有重要作用。但上述关于草原植物根系及其与退化关系的研究多数都是在某一种特定的草原植物群落类型上开展的。本研究利用在呼伦贝尔草原获得的大量样地的实测数据，探讨草原植物群落根系分布与植物功能类群、草原退化之间的共性规律，以期为草原生态保护与可持续利用提供科学依据。

研究区位于大兴安岭西侧、呼伦贝尔草原中东部的鄂温克族自治旗和陈巴尔虎旗境内，地理坐标为 118°22′30″E~121°10′45″E、47°32′50″N~50°10′35″N。

2011 年 7 月 19 日至 8 月 14 日，在研究区选择代表性草原植被类型，设置了 40 个调查样地，每个样地设置一条 50m 的样线，沿样线每隔 5m 设置一个 1m×1m 的样方，每个样地设置 10 个样方。地上群落特征包括植被盖度、物种数、每一物种株丛数、平均高度、鲜重和干重。地下生物量取样用直径为 6.5cm 的根钻取样，取样深度分别为 0～5cm、5～10cm、10～20cm、20～30cm、30～50cm、50～70cm 和 70～100cm，每个样地每个深度取 5 个样品，将采集的土壤样品带回室内进行筛根、洗根、称重（鲜重和干重）。烘干处理后分析每个样方根系分层生物量及总生物量。

根据根系生物量在土壤各层中的分布特征，可将呼伦贝尔草原 200 个样方在土层深度为 0～100cm 的根系生物量垂直分布划分为 V 形、Y 形、E 形、T 形、X 形、O 形和 L 形 7 种类型。

（1）V 形分布

V 形分布与传统意义的 T 形相同，地下生物量自上而下呈倒金字塔形分布，层与层之间有明显的递减（图 3-5），是最典型、特征最明显的一个类型。200 个样方中共有 30 个 V 形，占总数的 15%。

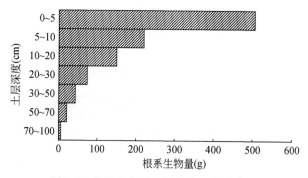

图 3-5　根系生物量空间分布 V 形示意图

（2）Y 形分布

Y 形分布与 V 形分布不同的地方在于，V 形分布只有一次逐层递减，而 Y 形分布则存在两次逐层递减，且第二次递减开始土层的根系生物量明显高于第一次递减结束土层的根系生物量（图 3-6）。200 个样方中共有 41 个 Y 形，占总数的 20.5%。

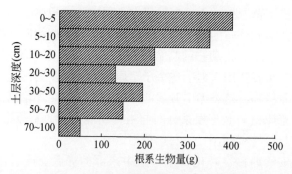

图 3-6　根系生物量空间分布 Y 形示意图

（3）E 形分布

E 形分布在逐层递减的趋势下，出现三层递减，或者更确切地说，E 形分布呈锯齿状的根系生物量减少趋势（图 3-7）。200 个样方中共有 28 个 E 形，占总数的 14%。

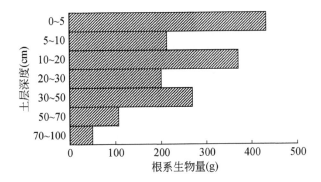

图 3-7　根系生物量空间分布 E 形示意图

（4）X 形分布

根系生物量的 X 形分布的主要特征在于，根系生物量递减到某一土层深度（图 3-8 中 20～30cm 部分），其后土层出现一个根系生物量的增加趋势（图 3-8 中 30～100cm 部分）。简单来说，X 形分布的根系生物量在整体上呈先减少后增加的趋势。200 个样方中共有 20 个 X 形，占总数的 10%。

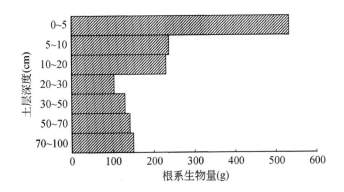

图 3-8　根系生物量空间分布 X 形示意图

（5）O 形分布

O 形分布与 X 形分布相反，其除去顶层和底层外，根系生物量呈现先增加，达到峰值（图 3-9 中 20～30cm 部分）后递减的趋势。O 形分布与 X 形分布难以区分，但注意其峰值前后土层的增减会比较容易分辨。O 形可看作是 Y 形的特殊形式，在 200 个样方中共有 16 个 O 形，占总数的 8%。

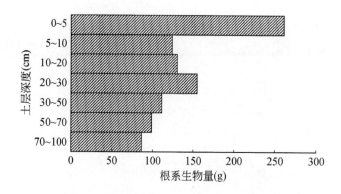

图 3-9　根系生物量空间分布 O 形示意图

（6）L 形分布

L 形分布与其他类型最主要的区别在于，底层（70~100cm 部分）根系生物量远高于上一层，在递减趋势中除底层外的空间分布规律可能呈现各种类型，但在底层处根系生物量剧增，远高于上一层的根系生物量，甚至多于前 2~3 层的根系生物量（图 3-10）。200个样方中共有 30 个 L 形，占总数的 15%。

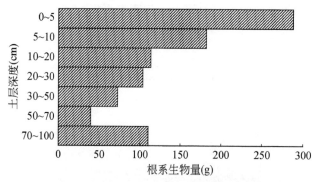

图 3-10　根系生物量空间分布 L 形示意图

根据上述根系分布七种类型的共性可分为一类空间分布型（V 形、Y 形、E 形和 T形）和二类空间分布型（X 形、O 形和 L 形）。一类空间分布型严格遵循地下生物量自上而下递减的规律，只是在递减过程中出现了一定差异。这 4 种类型的分布在 200 个样方中数量较多，具有一定代表性；二类空间分布型的地下生物量在土层中虽然也体现了自上而下递减的总体趋势，但出现了较为特殊的土层分布，根据其特殊土层的共性进行划分。

在现有的大量关于草原地下生物量与根系分布方面的研究工作中，多数是针对某一种或少数几种（2~3 种）草原植物群落类型进行调查研究，因此，通常情况下群落根系的分布构型都比较单一。例如，胡中民等（2005）在综述国内外根系分布的研究中指出，草地地下生物量大部分分布于表层土壤中，随着深度增加，数量急剧降低，通常为倒金字塔形，即由深到浅呈 T 形分布，如果土层分得更细，则呈锯齿状分布。前者与本研究中的 T 形构型一致，而后者与本研究中的 V 形构型相当。本研究利用取自同一地区不同土壤与植被类型、不同物种组成和不同退化状态的根系生物量实测数据，对草原植物群落的根系分布构型进行了全面的比较分析后发现，在草原植物群落中，根系分布构型还存在 L 形和 Y 形等分布形态，研究结果较好地说明了草原根系分布构型的多样化特点。

3.2.1.4 根系分布类型与植物功能类群的关系

草原植被根系分布类型与构成群落的植物种类组成存在密切联系。每个样地分层平均根系生物量所表现的根系分布构型主要表现为 V 形分布、Y 形分布、T 形分布和 L 形分布 4 种类型。如图 3-11 所示，4 种类型均以 0～5cm 土层的根系生物量最高，不同的是 T 形构型的根系生物量仅为 339.29g/m²，而其他 3 种构型均在 400g/m² 以上。在 5～100cm 的各个土层中，T 形构型的根系生物量与其他 3 种构型之间均存在显著性差异，根系生物量显著偏低。L 形构型在 70～100cm 土层的根系生物量明显高于 50～70cm，并与其他构型同层的根系生物量之间存在显著性差异。各种草原植物群落的地上生物量与地下生物量之间具有较好的对应关系，植被的总地上生物量大小依次为 V 形>L 形>Y 形>T 形，分别为 141.65g/m²、129.30g/m²、127.69g/m² 和 85.10g/m²。

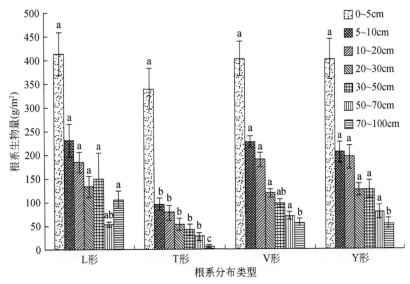

图 3-11　4 种根系分布构型在不同土层的根系生物量

注：不同小写字母表示差异显著（$P<0.05$），下同

根系分布构型与地上植物功能类型占比的对应分析表明，在不同的植被根系分布构型中，各种植物类群所占的比例存在显著差异（图 3-12）。V 形分布以大针茅、贝加尔针茅、拂子茅和西伯利亚羽茅等高大丛生禾草植物和各种杂类草植物为主；Y 形分布中杂类草植物类群为主要优势类型；而 L 形分布以糙隐子草、落草、冰草及早熟禾等小禾草植物类群和羊草与无芒雀麦等根茎禾草植物为主，高大丛生禾草植物占比有所降低；T 形分布中寸

草薹和日阴菅等根茎薹草植物占有显著优势。以 T 形构型的植物功能类型与其他构型的差别最为悬殊，在根系分布构型为 T 形的草原植物群落中，薹草植物的地上相对生物量高达 39.75%，而 V 形和 L 形只有 8.30% 和 8.70%，Y 形只有 12.71%。与其他根系分布构型中地上相对生物量存在显著差异的植物功能类群为小禾草植物类群，在其他 3 种构型的地上相对生物量变化介于 16%～24% 的情况下，T 形构型中小禾草植物类群仅占 2.35%。而且 T 形构型中一二年生植物的数量明显高于其他构型，与之相对的是高大丛生禾草植物的占比明显降低，在 V 形、Y 形和 L 形中的占比分别为 26.72%、20.32% 和 17.65%，而在 T 形中的占比仅有 5.17%。

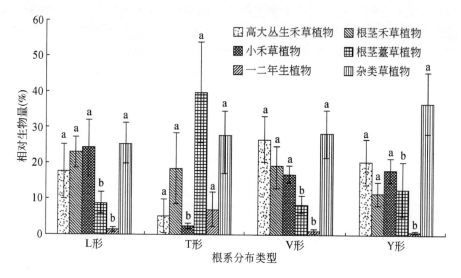

图 3-12　不同根系分布构型中植物功能类群地上相对生物量组成差异

虽然根系分布构型为 V 形、Y 形和 L 形间的各种植物功能类群的地上相对生物量没有达到显著性差异水平，但是各种根系分布构型的优势植物功能类型及各种植物功能类型在群落中的作用却存在明显差异。例如，在 L 形构型中，除杂类草植物作为优势类群外，高大丛生禾草植物、根茎禾草植物、小禾草植物的地上相对生物量依次增加，介于 17%～24%，与优势植物功能类群之间没有明显差距。但在 V 形构型中，这三种植物功能类群的地上相对生物量却依次减少，而在 Y 形构型中则表现出高大丛生禾草植物＞小禾草植物＞根茎禾草植物的顺序。不同根系分布构型中植物功能类群地上相对生物量组成差异如图 3-12 所示。

3.2.1.5　根系分布类型与草原退化的关系

本研究将所调查样地中涉及的草原植物划分为 4 个类群，即原生群落建群种（包括羊草、大针茅、贝加尔针茅、拂子茅、羊茅和线叶菊）、中轻度退化群落建群种（包括糙隐子草、落草和冰草）、重度退化群落建群种（包括薹草、冷蒿和星毛委陵菜）和其他植物。不同根系分布构型中各植被建群种相对生物量如图 3-13 所示。

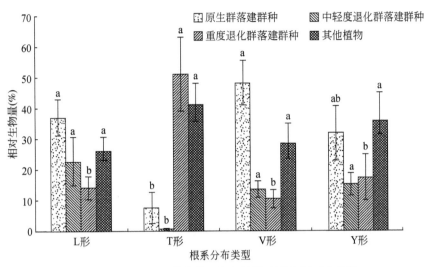

图 3-13　不同根系分布构型中各植被建群种相对生物量

结果表明，不同的根系分布构型与草原的不同退化状态具有较好的对应关系。严重退化群落多数为 T 形分布，重度退化群落建群种占据绝对优势。在 V 形与 L 形根系分布构型中，原生群落建群种相对生物量占比较高，分别达到 47.91% 和 36.94%；中轻度退化群落建群种和重度退化群落建群种相对生物量占比较低，分别为 13.45%、22.66% 和 10.34%、14.17%。在 Y 形根系分布构型中，原生群落建群种和中轻度退化群落建群种相对生物量小于 V 形大于 L 形，占比分别为 31.71% 和 15.11%；但是重度退化群落建群种相对生物量却高于 V 形和 L 形，占比为 17.40%。在 T 形根系分布构型中，原生群落建群种相对生物量很低，占比仅为 7.55%；而重度退化群落建群种相对生物量却高达 50.87%。其他植物相对生物量则在 4 种根系分布构型中保持较为稳定的状态。

王东波（2007）指出，群落地下生物量与群落总生物量之比稳定，即当群落处于过度放牧的长期作用而使群落地上生物量部分小型化时，地下生物量部分必然相应地浅层化。根据本研究，地上生物量与地下生物量存在一致性的变化趋势，但在根系浅层化方面可能与退化阶段有关。本研究中重度退化群落主要表现为根系的 T 形分布构型，与其研究结论相一致；而在植物功能类群以小禾草植物为主的中轻度退化阶段，根系分布构型主要表现为 L 形构型，在 0～50cm 土层中根系生物量与原生状态保持较好的 V 形和 Y 形构型并无显著差别，而且最下层的 70～100cm 土层的根系生物量还常常高出 50～70cm 土层 50% 左右。这可能表明，在中轻度退化与重度退化之间存在一个重要变化拐点，即草原退化引起的根系生物量减少与浅层化的变化进程存在滞后现象，而当最下部土层中的根系生物量显著减少后，群落已经达到比较严重的退化状态。考虑到下层土层中的根系多为细根，在保证植物水分、养分供应方面发挥着极其重要的作用，在植被中轻度退化阶段进行生态修复将会获得更好的效果。

3.2.1.6 根系分布类型与地上/地下生物量的关系

从表3-7中的 P 和 R^2 值可以看出，地上生物量与地下生物量的相关性根据其空间分布类型的不同而有所差异，其中，一类空间分布型（V形、Y形、E形和T形）地上生物量与地下生物量都存在正相关性，且相关性明显；而二类空间分布型（X形、O形和L形）地上生物量与地下生物量的相关性并不明显，其中，X形分布的相关性相对于O形分布和L形分布明显得多。另外，从表3-7可知，二类空间分布型的相关性明显没有一类空间分布型的相关性强。

表 3-7 呼伦贝尔草原不同根系分布类型的地上/地下生物量的回归关系

空间分布类型	根冠比	回归关系	回归方程	R^2	P
V形	8.70	线性模型***	$y=6.812x+378.8$	0.536	0.009
		指数函数模型***	$y=487.8\mathrm{e}^{0.007x}$	0.550	0.003
		对数函数模型***	$y=570.4\ln x-1\,501$	0.500	0.004
		幂函数模型***	$y=65.22x^{0.603}$	0.548	0.001
		三次多项式函数模型**	$y=0.001x^3-0.494x^2+47.78x-581.1$	0.596	0.024
Y形	7.41	线性模型**	$y=3.414x+556.8$	0.467	0.039
		指数函数模型**	$y=613\mathrm{e}^{0.003x}$	0.439	0.045
		对数函数模型*	$y=443.4\ln x-1\,086$	0.425	0.083
		幂函数模型*	$y=119.2x^{0.436}$	0.435	0.085
		三次多项式函数模型	$y=-0.000\,09x^3+0.044x^2-2.838x+788.7$	0.483	0.170
E形	7.41	线性模型**	$y=4.045x+665.9$	0.453	0.024
		指数函数模型**	$y=733.2\mathrm{e}^{0.003x}$	0.417	0.034
		对数函数模型**	$y=493\ln x-1\,180$	0.437	0.039
		幂函数模型*	$y=144.3x^{0.433}$	0.405	0.064
		三次多项式函数模型**	$y=-x^3+0.224x^2-22.96x+1\,646$	0.501	0.027
T形	6.85	线性模型***	$y=6.806x+236.5$	0.478	<0.001
		指数函数模型***	$y=366.3\mathrm{e}^{0.006x}$	0.465	<0.001
		对数函数模型***	$y=663.7\ln x-1\,953$	0.426	<0.001
		幂函数模型***	$y=33.44x^{0.703}$	0.486	<0.001
		三次多项式函数模型***	$y=-0.000\,01x^3+0.059x^2-0.278x+424.9$	0.484	<0.001
X形	7.63	线性模型***	$y=-8.901x+2\,108$	0.408	0.008
		指数函数模型**	$y=3\,046\mathrm{e}^{-x}$	0.364	0.013
		对数函数模型***	$y=-1\,062\ln x+6\,102$	0.398	0.009
		幂函数模型**	$y=22\,197x^{-1.13}$	0.359	0.014
		三次多项式函数模型**	$y=0.006x^3-2.394x^2+283.7x-9\,484$	0.408	0.033

续表

空间分布类型	根冠比	回归关系	回归方程	R^2	P
O 形	6.80	线性模型	$y=-5.797x+2\,025$	0.165	0.168
		指数函数模型	$y=2\,348e^{-x}$	0.150	0.191
		对数函数模型	$y=-844\ln x+5\,364$	0.157	0.180
		幂函数模型	$y=58\,329x^{-0.80}$	0.149	0.192
		三次多项式函数模型	$y=0.001x^3-0.714x^2+107.8x-3\,794$	0.169	0.397
L 形	8.62	线性模型	$y=-6.129x+1\,913$	0.107	0.128
		指数函数模型	$y=1\,928e^{-x}$	0.137	0.130
		对数函数模型	$y=-715\ln x+4\,583$	0.106	0.324
		幂函数模型 *	$y=14\,571x^{-0.54}$	0.134	0.086
		三次多项式函数模型 *	$y=-0.001x^3+0.614x^2-78.88x+4\,690$	0.107	0.083

﹡﹡﹡表示 $P<0.01$，﹡﹡表示 $0.01<P<0.05$，﹡表示 $0.05<P<0.1$

注：y 表示地下生物量，x 表示地上生物量

　　由于本研究中地上生物量是不分种统计的，会存在同一类型的根系生物量空间分布型出现其中物种不同的情况，在根系生物量空间分布类型没有被改变的情况下，物种的混杂会导致地上/地下生物量的相关性存在不稳定性。从表 3-7 中根冠比不难看出，不同类型的空间分布型虽然有相差不大的地上/地下生物量比，但这对其地上/地下生物量的相关性却没有影响。T 形分布和 O 形分布的根冠比虽然仅相差 0.05，但其相关性却产生了很大差异。

　　根据表 3-7 中各个类型地下生物量的空间分布规律的相关性和显著性，选择其最具代表性的回归方程来表示地上/地下生物量的相关关系。同之前的土层深度分析一样，三次多项式函数虽然有很高的 R^2 值，但其显著性大多表现出不相关性，所以不具代表性。

　　一类空间分布型（V 形、Y 形、E 形和 T 形）的地上/地下生物量呈正相关性（图 3-14），其 V 形、Y 形、E 形和 T 形可分别用下列公式表示：

$$y=65.22x^{0.603} \quad (R^2=0.548)$$

$$y=3.414x+556.8 \quad (R^2=0.467)$$

$$y=4.045x+665.9 \quad (R^2=0.453)$$

$$y=33.44x^{0.703} \quad (R^2=0.486)$$

　　从图 3-14 可以看出，4 种类型空间分布的回归趋势近似线性，其地上生物量与地下生物量有相关性。4 种类型空间分布都在线性模型、指数函数模型、对数函数模型、幂函数模型和三次多项式函数模型 5 种回归关系中能看出明显的正相关性。

　　二类空间分布型（X 形、O 形和 L 形）的地上/地下生物量呈负相关性（图 3-15），且 O 形和 L 形的 P 值全部大于 0.1，说明其相关性并不显著。X 形空间分布地上/地下生物量相关性可用线性模型表示为

$$y=-8.901x+2108 \quad (R^2=0.408)$$

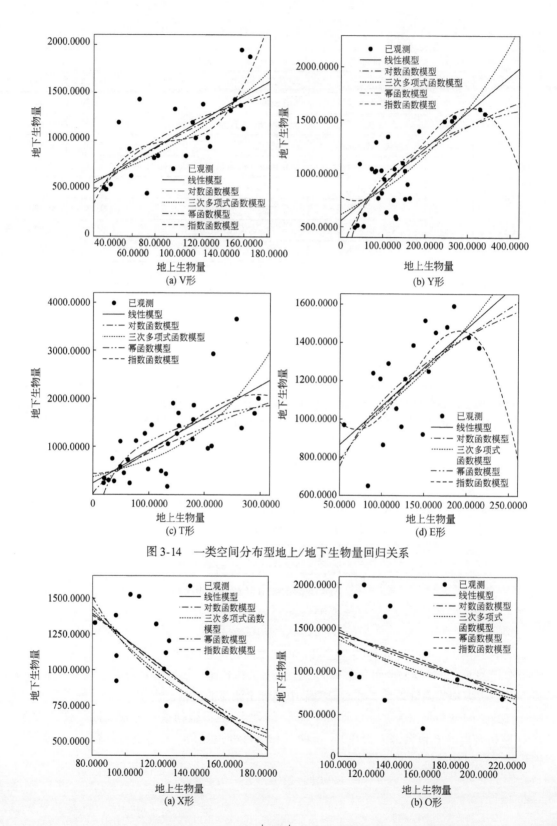

图 3-14 一类空间分布型地上/地下生物量回归关系

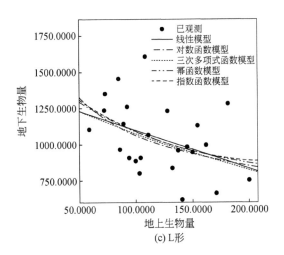

(c) L形

图 3-15 二类空间分布型地上/地下生物量回归关系

同之前土层深度分析时一样，为了简便，可以用线性模型来表示各空间分布类型的地上/地下生物量的相关性，因此，V形分布和T形分布也用线性模型来表示。

由图 3-15 可知，二类空间分布型的线性模型、指数函数模型、对数函数模型和幂函数模型的回归趋势呈负相关性。由于二类空间分布型中 X 形分布和 O 形分布样方数量少，统计可能欠缺一定代表性，并且 L 形分布除去底层会存在其他一二类空间分布型的特征，其相关性会受到一定程度影响。

由于二类空间分布型呈现负相关性，这与植物根系对养分的吸收与植物地上部分的生长情况之间的关系相违背，可以剔除二类空间分布型，将一类空间分布型相关性与总相关性进行对比（表3-8）。

表 3-8　植物根系一二空间类分布型与一类空间分布型的地上/地下生物量相关性对比

空间分布类型	地上/地下生物量	回归关系	R^2	P
一二类	0.129	线性模型	0.220	<0.001
		指数函数模型	0.220	<0.001
		对数函数模型	0.227	<0.001
		幂函数模型	0.281	<0.001
		三次多项式函数模型	0.226	<0.001
一类	0.130	线性模型	0.419	<0.001
		指数函数模型	0.390	<0.001
		对数函数模型	0.411	<0.001
		幂函数模型	0.455	<0.001
		三次多项式函数模型	0.440	<0.001

从表 3-8 中不难看出，在线性模型、指数函数模型、对数函数模型、幂函数模型和三次多项式函数模型 5 种回归关系中，无论是一二类空间分布型还是一类空间分布型，地上/

地下生物量都有着极显著的相关性,且两者的地上/地下生物量的比值近似相等。区别在于 R^2 的值,一类空间分布型的相关性高于包含了二类空间分布型的整体上的相关性。因此可认为,地上/地下生物量呈负相关性的二类空间分布型在整体上影响了地上生物量与地下生物量的相关性。在去除二类空间分布型的情况下,地下生物量与地上生物量的相关性显著提高,可以更为准确地估算地上生物量。

3.2.2 毛乌素沙地植被生物量估算

利用 2011~2013 年地面调查数据,结合乌审旗 2012 年植被类型图进行估算。首先,结合以往可利用的区域植被类型图,确定野外实测样地,要求样地调查覆盖大部分植被类型;其次,进行野外实地调查,包括地上生物量和地下生物量数据。该区域以沙地为主,油蒿、沙柳、中间锦鸡儿 3 种优势灌丛的生物量占有较大比例,因此,对这 3 种灌丛的单丛个体生物量进行了单独调查,以建立个体水平的生物量估算模型。

3.2.2.1 主要灌丛生物量估算

灌丛生物量估算模型研究较多,常采用的自变量有基径、植株高度、冠幅面积和冠幅直径等。本研究根据油蒿、沙柳和中间锦鸡儿 3 种灌丛在毛乌素沙地的实际生长状态,利用植株高度和冠幅 2 个易测因子,结合实地获取的地上生物量与地下生物量大量数据建立其生物量估测模型。模型建立后,只需将在现地抽样调查的这 2 个易测因子代入模型即可计算出其生物量,不必再次砍伐、挖掘植物,减少了大量烦琐工作,同时避免了再次破坏植被,这在植被稀少、生态系统脆弱的地区更具有实用价值。

2011~2013 年每年 8 月中下旬在乌审旗毛乌素沙地的固定沙地、半固定沙地及流动沙地上共调查了 42 株油蒿、31 株沙柳和 33 株中间锦鸡儿。选用植株高度(H)、冠幅直径(D)和冠幅面积(C)等易测因子作为自变量,以灌丛地上生物量、地下生物量及灌丛总生物量(干重)作为因变量进行回归分析,拟合生物量模型。最终选定判定系数(R^2)值大和 F 值检验水平显著及平均估算误差(AEE)小的方程作为生物量估算模型。

(1)3 种灌丛各参数实测区间

3 种灌丛各参数实测值见表 3-9。

表 3-9 3 种灌丛各参数实测值

参数		油蒿	沙柳	中间锦鸡儿
H(m)	最小值	0.40	1.60	0.35
	最大值	1.10	2.90	1.80
	标准差	0.177	0.368	0.320
D(m)	最小值	0.450	1.000	0.680
	最大值	2.05	3.85	2.50
	标准差	0.399	2.288	0.420

续表

参数		油蒿	沙柳	中间锦鸡儿
$C(\mathrm{m}^2)$	最小值	0.159	0.778	0.353
	最大值	3.299	11.64	4.091
	标准差	0.732	3.235	0.997
$W_A(\mathrm{kg})$	最小值	0.041	0.77	0.106
	最大值	5.814	35.358	8.804
	标准差	1.332	8.967	2.332
$W_R(\mathrm{kg})$	最小值	0.011	0.27	0.096
	最大值	1.301	20.359	6.777
	标准差	0.305	4.616	1.666
$W_T(\mathrm{kg})$	最小值	0.053	1.378	0.203
	最大值	6.443	55.717	13.07
	标准差	1.563	13.246	3.757

注：H 为植株高度；D 为冠幅直径；C 为冠幅面积；W_A 为灌丛地上生物量；W_R 为灌丛地下生物量；W_T 为灌丛总生物量。下同

（2）3 种灌丛各参数间的相关性

油蒿、沙柳和中间锦鸡儿 3 种灌丛各易测因子之间及与灌丛地上生物量、地下生物量、总生物量间均具有极显著的相关性。

油蒿个体样本数为 42，各易测因子之间及与灌丛地上生物量、地下生物量、总生物量之间均具有极显著的相关性（表 3-10）。其中，HD、C 和 HC 分别与 W_A 和 W_T 的相关性高于 H 和 D 分别与 W_A 和 W_T 的相关性，且相关系数介于 0.872～0.925；而 D、HD、C 与 W_R 的相关性高于 H 与 W_R 的相关性，分别为 0.699、0.684 和 0.693。与 W_A 和 W_T 相关性最高的因子为 HC，相关系数分别为 0.925 和 0.920；与 W_R 相关性最高的因子为 D，相关系数为 0.699。

表 3-10　油蒿各参数间的相关系数

参数	H	D	HD	C	HC	W_A	W_R	W_T
H	1							
D	0.788**	1						
HD	0.925**	0.941**	1					
C	0.769**	0.979**	0.948**	1				
HC	0.850**	0.921**	0.978**	0.965**	1			
W_A	0.802**	0.827**	0.906**	0.872**	0.925**	1		
W_R	0.567**	0.699**	0.684**	0.693**	0.674**	0.708**	1	
W_T	0.794**	0.841**	0.906**	0.878**	0.920**	0.990**	0.799**	1

**表示在 0.01 水平（双侧）上显著相关

沙柳个体样本数为31，各易测因子之间及与灌丛地上生物量、地下生物量、总生物量之间均具有极显著的相关性（表3-11）。其中，HD、C 和 HC 分别与 W_A、W_R 和 W_T 的相关性高于 H 和 D 分别与 W_A、W_R 和 W_T 的相关性，且相关系数介于 $0.748 \sim 0.885$；而 HC 与 W_A、W_R 和 W_T 的相关性均为各自变量中的最大值，分别为 0.885、0.775 和 0.869。

表3-11　沙柳各参数间的相关系数

参数	H	D	HD	C	HC	W_A	W_R	W_T
H	1							
D	0.656**	1						
HD	0.813**	0.965**	1					
C	0.651**	0.986**	0.968**	1				
HC	0.732**	0.962**	0.985**	0.987**	1			
W_A	0.675**	0.827**	0.863**	0.867**	0.885**	1		
W_R	0.597**	0.712**	0.748**	0.757**	0.775**	0.891**	1	
W_T	0.665**	0.808**	0.845**	0.851**	0.869**	0.987**	0.951**	1

＊＊表示在 0.01 水平（双侧）上显著相关

中间锦鸡儿个体样本数为33，各易测因子之间及与灌丛地上生物量、地下生物量、总生物量之间均具有极显著的相关性（表3-12）。其中，H、HD 和 HC 分别与 W_A、W_R 和 W_T 的相关性高于 D 和 C 分别与 W_A、W_R 和 W_T 的相关性，且相关系数介于 $0.731 \sim 0.826$；而 HD 与 W_A、W_R 和 W_T 的相关性均为各自变量中的最大值，分别为 0.785、0.764 和 0.826。

表3-12　中间锦鸡儿各参数间的相关系数

参数	H	D	HD	C	HC	W_A	W_R	W_T
H	1							
D	0.768**	1						
HD	0.917**	0.931**	1					
C	0.694**	0.978**	0.907**	1				
HC	0.800**	0.937**	0.970**	0.957**	1			
W_A	0.744**	0.682**	0.785**	0.669**	0.751**	1		
W_R	0.731**	0.658**	0.764**	0.652**	0.735**	0.759**	1	
W_T	0.786**	0.715**	0.826**	0.705**	0.792**	0.957**	0.915**	1

＊＊表示在 0.01 水平（双侧）上显著相关

（3）3 种灌丛生物量模型的建立

有关生物量统计模型的建立是在 SPSS 19.0 软件中进行的，取所有样本的 90% 用于模型估测，其余 10% 用于模型检验；分析实测的灌丛地上生物量、地下生物量和总生物量分别与 H、D、HD、C、HC 为自变量参数间的相关性，然后建立线性模型、指数函数模型、对数函数模型、三次多项式函数模型和幂函数模型。

经相关性分析，3 种灌丛各形态易测因子均与 W_A、W_R 和 W_T 具有显著相关关系。以 H、D、HD、C 和 HC 作为自变量，W_A、W_R 和 W_T 作为因变量建立回归方程，从中选出用测定系数 R^2 高、F 检验均为极显著且平均估算误差（AEE）小的方程作为最佳估算模型，建立 3 种灌丛生物量估算的较优模型（表 3-13 ～ 表 3-15）。

表 3-13　油蒿生物量估算较优模型

模型类型	方程	R^2	F	AEE
线性模型	$W_A = -0.009 + 1.637HC$	0.855	235.981**	0.40
	$W_R = -0.242 + 0.533D$	0.489	38.239**	0.62
	$W_T = -0.114 + 1.909HC$	0.846	219.078**	0.34
幂函数模型	$W_A = 1.538(HC)^{0.991}$	0.816	117.682**	0.39
	$W_R = 0.211(D)^{2.194}$	0.663	78.732**	0.58
	$W_T = 1.038(D)^{2.435}$	0.812	173.319**	0.38

＊＊ 表示 $P < 0.001$

注：R^2 为判定系数；F 为 F 检验值；AEE 为平均估算误差。下同

表 3-14　沙柳生物量估算较优模型

模型类型	方程	R^2	F	AEE
线性模型	$W_A = -0.846 + 0.874HC$	0.784	104.989**	0.44
	$W_R = 0.773 + 0.394HC$	0.601	43.632**	0.67
	$W_T = -0.073 + 1.268HC$	0.756	89.753**	0.40
幂函数模型	$W_A = 0.326(HD)^{1.831}$	0.836	148.640**	0.38
	$W_R = 0.343(HD)^{1.497}$	0.619	47.175**	0.49
	$W_T = 0.720(HD)^{1.660}$	0.804	119.329**	0.35

表 3-15　中间锦鸡儿生物量估算较优模型

模型类型	方程	R^2	F	AEE
线性模型	$W_A = -1.096 + 2.154HD$	0.616	48.057**	0.87
	$W_R = -0.497 + 1.498HD$	0.584	42.057**	0.73
	$W_T = -1.593 + 3.652HD$	0.682	64.401**	0.70
幂函数模型	$W_A = 0.835(HD)^{1.635}$	0.806	125.011**	0.40
	$W_R = 1.184H^{2.284}$	0.638	52.772**	0.55
	$W_T = 1.797(HD)^{1.398}$	0.755	92.616**	0.41

　　由表 3-13 可以看出，油蒿用以 D 和 HC 作为自变量建立的方程拟合效果最好，其中，油蒿地上生物量、总生物量的估算使用线性模型效果较好，测定系数 R^2 的值分别为 0.855 和 0.846；而油蒿地下生物量的估算则应采用幂函数模型，R^2 值（0.663）大于线性模型

（0.489）。虽然幂函数模型估算油蒿地上生物量、总生物量的 AEE 值均小于线性模型，但考虑到线性模型估算油蒿地上生物量、总生物量的 R^2 值和 F 值均大于幂函数模型。故最终选择以 HC 作为自变量的线性模型作为估算油蒿地上生物量和总生物量的最优统计模型，以 D 作为自变量的幂函数模型作为估算油蒿地下生物量的最优模型。

由表 3-14 可以看出，沙柳用以 HD 和 HC 作为自变量建立的方程对沙柳生物量拟合效果最好，且沙柳地上生物量、地下生物量和总生物量的估算均为幂函数模型效果较好，测定系数 R^2 的值分别为 0.836、0.619 和 0.804。幂函数模型估算沙柳生物量的 AEE 值也均小于线性模型。故最终选择以 HD 作为自变量的幂函数模型作为估算沙柳生物量的最优模型。

由表 3-15 可以看出，中间锦鸡儿用以 HD 和 H 作为自变量建立的方程对生物量拟合效果最好，且中间锦鸡儿地上生物量、地下生物量和总生物量的估算均为幂函数模型效果较好，测定系数 R^2 的值分别为 0.806、0.638 和 0.755。且幂函数模型估算中间锦鸡儿生物量的 AEE 值均小于线性模型，故最终选择以 HD 作为自变量的幂函数模型作为估算锦鸡儿地上生物量和总生物量的最优模型，以 H 作为自变量的幂函数模型作为估算中间锦鸡儿地下生物量的最优模型。

根据以上分析，最终筛选出估算 3 种灌丛生物量的最优模型（表 3-16），其散点图如图 3-16 ~ 图 3-18 所示。

表 3-16　3 种灌丛生物量估算最优模型

灌丛	方程	R^2	F	AEE
油蒿	$W_A = -0.009 + 1.637HC$	0.855	235.981**	0.397
	$W_R = 0.211D^{2.194}$	0.663	78.732**	0.575
	$W_T = -0.114 + 1.909HC$	0.846	219.078**	0.337
沙柳	$W_A = 0.326(HD)^{1.831}$	0.836	148.640**	0.38
	$W_R = 0.343(HD)^{1.497}$	0.619	47.175**	0.49
	$W_T = 0.720(HD)^{1.660}$	0.804	119.329**	0.35
中间锦鸡儿	$W_A = 0.835(HD)^{1.635}$	0.806	125.011**	0.40
	$W_R = 1.184H^{2.284}$	0.638	52.772**	0.55
	$W_T = 1.797(HD)^{1.398}$	0.755	92.616**	0.41

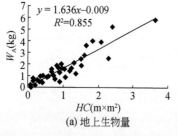
(a) 地上生物量

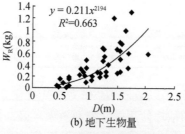
(b) 地下生物量

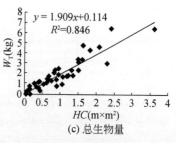
(c) 总生物量

图 3-16　油蒿生物量估算最优模型

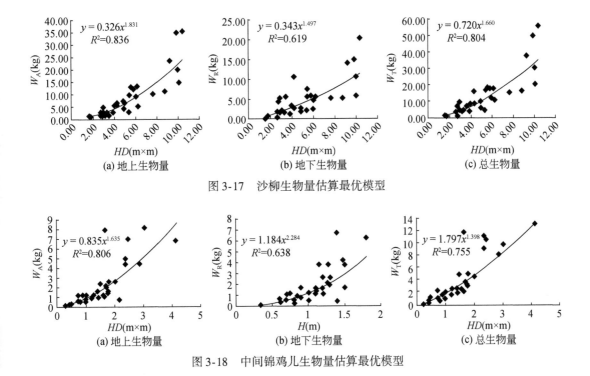

图 3-17　沙柳生物量估算最优模型

图 3-18　中间锦鸡儿生物量估算最优模型

由表 3-16 可以看出，幂函数模型对沙柳和中间锦鸡儿生物量及油蒿地下生物量拟合效果最好，线性模型对油蒿地上生物量和总生物量拟合效果最好。线性模型主要反映灌丛形态因子与灌丛生物量的均匀增长，在生境条件较为干旱的乌审旗地区，对油蒿、沙柳和中间锦鸡儿生物量的拟合较差，可能是这 3 种灌丛对环境的适应而采取的物质能量不均匀分配所致，而在生境条件较为理想的环境中，线性模型可能会有更大的应用。幂函数模型被广泛地应用于描述生物的个体大小和其他属性之间的非线性数量关系即异速生长规律。幂函数模型对植物生物量的估算，不管是高大的乔木，还是较为低矮的灌丛及其器官都有极好的应用。本研究中灌丛地上生物量、地下生物量和总生物量估算模型同样印证了这一观点。

3.2.2.2　植被生物量估算

利用前面建立的灌丛生物量估算模型，结合灌丛样方数据即可计算出每个样方内灌丛地上生物量、地下生物量和总生物量。本研究中杨柴等其他灌丛个体水平的地上生物量模型和根冠比数据来源于文献资料。再结合草本样方数据和地下根系取样数据，可估算出每个样方的总生物量。每个样地所有样方平均生物量即为样地生物量。各样地的地上/地下平均生物量密度见表 3-17。

表 3-17　乌审旗各样地地上/地下平均生物量密度表

样地号	植物群落类型	地上生物量密度（g/m²）	地下生物量（g/m²）	地下/地上平均生物量密度
01	油蒿群落	625.0	144.1	0.23
02	油蒿、沙柳群落	218.2	70.3	0.32

样地号	植物群落类型	地上生物量密度（g/m²）	地下生物量（g/m²）	地下/地上平均生物量密度
03	柠条、油蒿群落	236.5	82.5	0.35
04	柠条群落	478.5	220.0	0.46
05	芨芨草群落	174.3	990.0	5.68
06	杂类草群落	207.4	1727.8	8.33
07	柠条、油蒿群落	231.0	311.1	1.35
08	油蒿群落	362.8	87.3	0.24
09	沙柳、油蒿群落	133.8	55.2	0.41
10	沙柳群落	264.7	180.7	0.68
11	流动沙丘草本群落	20.9	302.2	14.48
12	油蒿群落	285.0	93.1	0.33
13	沙地柏群落	1994.6	977.0	0.49
14	油蒿群落	356.7	87.6	0.25
15	油蒿、杨柴群落	186.1	89.3	0.48
16	油蒿、沙柳群落	342.9	169.2	0.49
17	油蒿群落	335.7	85.9	0.26
18	油蒿群落	164.5	42.9	0.26
19	油蒿群落	123.9	33.5	0.27
20	柠条群落	299.6	155.0	0.52
21	杨柴、油蒿群落	252.0	112.4	0.45

将各植物群落类型的面积乘以各群落类型的平均生物量密度即可算出各植物群落类型的生物量。当多个实测样地对应一个植物群落类型时，取多个样地的生物量密度平均值作为此植物群落类型的生物量密度，植物群落生物量统计见表3-18。

表3-18　乌审旗植物群落生物量统计表

生境类型	植物群落类型	面积（km²）	DB_A(g/m²)	DB_R(g/m²)	TB_A(Tg)	TB_R(Tg)
固定沙地	油蒿群落	2934.264	335.70	85.90	0.9850	0.2521
	沙地柏群落	243.372	1994.60	977.00	0.4854	0.2378
	柠条、油蒿群落	682.322	233.75	196.80	0.1595	0.1343
半固定沙地	沙柳群落	867.724	264.70	180.70	0.2297	0.1568
	油蒿、沙柳群落	1187.250	280.55	119.75	0.3331	0.1422
流动沙地	先锋植物群落	3582.930	255.48	109.33	0.9154	0.3917
低湿地	寸草薹、杂类草群落	901.869	207.40	1727.80	0.1870	1.5582
	芨芨草、碱茅群落	258.201	174.30	990.00	0.0450	0.2556

注：DB_A为地上生物量密度，DB_R为地下生物量密度，TB_A为总地上生物量，TB_R为总地下生物量。下同

将野外样地的实测地理坐标添加到乌审旗2012年植被类型图上，结合样地信息调查记录表确定每个野外样地对应的植被类型。根据植被类型图，提取样地植被类型对应区域的面

积，再乘以各样地对应地上/地下平均生物量，可得乌审旗区域植被总地上/地下生物量。

分析不同生境类型的生物量贡献可知，固定沙地生物量的贡献最大，占乌审旗区域总生物量的34.85%；低湿地生物量占区域总生物的31.63%；流动沙地占区域总生物量的20.20%；半固定沙地占区域总生物量的13.32%。在四种生境类型中，低湿地的生物量密度最大，为1763.6g/m²；固定沙地生物量密度次之，为584.0g/m²；半固定沙地为419.3g/m²；流动沙地生物量密度最低，为364.8g/m²。

各植物群落类型中，油蒿群落的地上生物量最大（0.9850Tg），尽管分布面积小于先锋植物群落，但是其地上生物量密度较大，故总地上生物量较大。先锋植物群落的地上生物量略小于油蒿群落（0.9154Tg）。油蒿群落和先锋植物群落地上生物量占总地上生物量的56.9%。寸草薹、杂类草群落的地下生物量最大（1.5582Tg），其分布面积仅为区域总面积的7.7%，但地下生物量密度远大于其他群落，其地下生物量占总地下生物量的49.8%。

结合各植物群落类型面积和生物量密度，计算出乌审旗区域植被总生物量为6.469Tg，其中，地上生物量为3.340Tg，地下生物量为3.129Tg。

再结合乌审旗区域总面积为11 645km²，可以计算出乌审旗区域植被总生物量密度为553.09g/m²，地上生物量密度为285.99g/m²，地下生物量密度为267.89g/m²。

3.3　土壤理化性状[①]

过度放牧使草原退化加剧，一方面，土壤理化性状发生明显改变，导致土壤保水、持水能力和土壤肥力下降；另一方面，由于植物被牲畜大量采食，植物会通过补偿机制加速生长，不断消耗土壤有机质和其他养分，使草原系统的碳回收平衡机制遭到严重破坏，进而导致草原生态系统碳存储能力下降，使草原由碳平衡区变成碳源区。通过研究草原退化与土壤理化性状改变之间的相互关系，可为草原退化与生态系统碳库的关系研究，以及为生态系统碳增汇调控途径的制定和实施提供理论依据。

研究区位于蒙古高原东部克鲁伦河流域，地理位置为43°05′N、141°20′E，属于克氏针茅典型草原，地带性植被为克氏针茅草原，糙隐子草、多根葱、羊草、星毛委陵菜、细叶葱和二裂委陵菜等为主要物种。土壤类型主要为栗钙土，土体坚硬，渗透能力较差。

样地设置采用空间演替系列代替时间演替系列的方法，以具有代表性的克氏针茅草原群落建群种的变化为依据选取轻度放牧、中度放牧和重度放牧3个地段，分别代表轻度退化（LD）、中度退化（MD）和重度退化（SD）样地（表3-19）。参考王明玖和马长升（1994）、郑阳等（2010）对内蒙古自治区典型草原载畜量的研究方法，结合实地调查结果，估算出轻度放牧、中度放牧和重度放牧样地的载畜量分别为0.62羊单位/hm²、1.55羊单位/hm²和2.79羊单位/hm²。轻度放牧样地围栏封育时间为2001年，为季节性放牧，在生长季不受人为干扰，群落建群种为克氏针茅群落，土壤类型为栗钙土；中度放牧样地为轮牧活动区，植物得到一定恢复生长，群落建群种为糙隐子草群落，土壤类型为栗钙土；重度放牧样地

---

① 大连民族大学霍光伟参与编写。

为自由放牧区，常年受放牧压力影响，群落建群种为多根葱群落，土壤类型为栗钙土。

表 3-19　样地基本情况

放牧梯度 退化程度	地理位置	海拔（m）	群落建群种	土壤类型	载畜量 （羊单位/hm²）
轻度放牧 轻度退化	49°14′71.1″N 116°55′59.0″E	613	克氏针茅群落	栗钙土	0.62
中度放牧 中度退化	47°55′7.6″N 117°23′40.6″E	549	糙隐子草群落	栗钙土	1.55
重度放牧 重度退化	48°31′91.4″N 116°40′19.7″E	591	多根葱群落	栗钙土	2.79

在各个样地选择典型地段设置 50m 样线，间隔 15m 分别取样，即每个样地内设置 3 次重复，记录样方内的植物种类和株丛数等，并用 DIK—5553 土壤硬度计测定土壤硬度。采用刈割法获取植物地上部分，得到地上现存生物量。在植被调查的同时，分别采集 0～10cm、10～20cm 和 20～30cm 土层的土样，以获取土壤理化性状。采用三因素综合优势比（SDR_3）[①] 度量不同退化阶段物种的优势度。

3.3.1　退化草原群落特征及其变化

通过对轻度退化、中度退化和重度退化样地的植物种的调查统计（表 3-20），共记录了 18 种植物，主要包括禾本科、百合科、旋花科、豆科和伞形科等。总体上，克氏针茅、糙隐子草及黄囊薹草出现的频率较高，是不同群落的主要优势种。在轻度退化草原中，克氏针茅和羊草出现频率较高，SDR_3 分别为 0.72 和 0.48；中度退化草原中，糙隐子草为优势种，SDR_3 为 0.84；而重度退化草原多根葱为优势种，SDR_3 为 0.52。中度退化状态下物种丰富度最高，有 11 种植物。

表 3-20　不同退化阶段群落的物种组成及其优势度

序号	科	种类组成	SDR_3		
			LD	MD	SD
1	禾本科 Poaceae	克氏针茅 *Stipa krylovii*	0.72	0.08	—
2		羊草 *Leymus chinensis*	0.48	—	—
3		冰草 *Agropyron cristatum*	0.04	0.12	—
4		糙隐子草 *Cleistogenes squarrosa*	—	0.84	0.04
5		落草 *Koeleria cristata*		0.04	
6		画眉草 *Eragrostis pilosa*	—	—	0.2

① 综合优势比（summed dominance ratio，SDR）。

序号	科	种类组成	SDR₃		
			LD	MD	SD
7	百合科 Liliaceae	细叶葱 *Allium tenuissimum*	0.04	0.4	—
8		蒙古葱 *Allium mongolicum*	—	0.16	—
9		多根葱 *Allium polyrhizum*	—	—	0.52
10	旋花科 Convolvulaceae	阿氏旋花 *Convolvulus ammannii*	0.32	—	—
11	豆科 Leguminosae	狭叶锦鸡儿 *Caragana stenophylla*	0.04	0.12	—
12	伞形科 Umbelliferae	细叶柴胡 *Bupleurum scorzonerifolium*	—	0.04	—
13	芸香科 Rutaceae	草芸香 *Haplophyllum dauricum*	—	0.08	—
14	藜科 Chenopodiaceae	藜 *Chenopodium album*	—	0.36	—
15	菊科 Compositae	麻花头 *Serratula centauroides*	—	0.08	—
16	莎草科 Cyperaceae	黄囊薹草 *Carex korshinskyi*	—	—	0.48
17	大戟科 Euphorbiaceae	地锦 *Euphorbia humifusa*	—	—	0.08
18	十字花科 Cruciferae	燥原荠 *Ptilotricum canescens*	—	—	0.04

注："—"表示该物种不存在；SDR₃ 表示优势度；LD 表示轻度退化，MD 表示中度退化，SD 表示重度退化。下同

由图 3-19 看出，随着退化强度的增加，群落地上生物量出现下降趋势（LD>MD>SD），中度退化梯度上的群落地上生物量与轻度和重度梯度上的群落地上生物量相比较没有表现出明显的下降趋势，但轻度退化样地的群落地上生物量（281.48g/m²）显著大于重度退化样地（232.68g/m²）。说明在受放牧干扰条件下，物种组成的变化导致群落地上生物量发生明显改变。

3.3.2 不同退化阶段土壤的理化性状

由表 3-21 看出，土壤有机质、氮含量都随着退化程度的增加而逐渐减小。

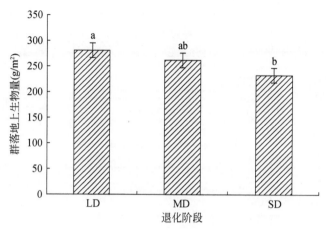

图 3-19　不同退化阶段的群落地上生物量

表 3-21　不同退化阶段土壤的主要理化性状

退化 程度	土层深度 （cm）	土壤硬度 （mm）	含水率 （%）	土壤容重 （g/cm³）	有机质含量 （%）	全氮含量 （mg/kg）
LD	0～10	13.20±1.41c	13.1±2.9a	1.16±0.18d	4.8±0.8a	5.19±0.22a
	10～20	20.00±1.7ab	12.7±2.71ab	1.29±0.07cd	4.5±0.54a	4.91±0.28a
	20～30	20.70±0.99a	12.5±0.4ab	1.31±0.12bcd	3.8±0.21b	2.74±0.27d
MD	0～10	14.10±0.46bc	11.3±1.17ab	1.43±0.1abc	2.7±0.13c	3.90±0.28b
	10～20	16.70±0.99abc	10.9±1.09ab	1.47±0.08abc	2.2±0.32cd	3.58±0.17bc
	20～30	18.70±6.65abc	9.8±0.74abc	1.53±0.06a	1.8±0.18d	1.36±0.21f
SD	0～10	16.80±2.62abc	9.7±2.33bc	1.51±0.05ab	2.3±0.21cd	3.40±0.22c
	10～20	18.30±0.49abc	7.5±1.69c	1.52±0.08a	1.8±0.07d	1.94±0.42e
	20～30	19.20±1.63abc	3.0±0.61d	1.53±0.14a	1.7±0.19d	1.27±0.15f

注：同列不同小写字母表示差异显著（$P<0.05$）

在水平尺度上，与轻度退化样地相比，重度退化样地各土层的水分含量、有机质及全氮含量显著降低，而土壤容重显著增加；中度退化样地各项土壤性状指标介于两者之间。

在垂直尺度上，与土壤上层相比，轻度退化样地下层土壤硬度显著增加而有机质和全氮含量显著降低；中度退化下层土壤有机质和全氮含量显著小于表层；重度退化下层土壤水分和全氮含量显著降低。中层各土壤性状指标介于上、下层之间。退化梯度上其他土壤性状指标则无显著性差异。

3.3.3　放牧强度对不同深度土层有机质的影响

由图 3-20 可见，随着土层深度的增加，土壤有机质含量呈现减小趋势。但轻度放牧区 0～10cm 和 10～20cm 土层中有机质含量差异不显著（$P>0.05$），这两层与 20～30cm 的差异显著（$P<0.05$）。中度放牧区 $0 \sim 10\,cm$ 与 $10 \sim 20\,cm$，$10 \sim 20\,cm$ 与 $20 \sim 30\,cm$ 土层中有机质含量差异不显著（$P>0.05$）；$0 \sim 10\,cm$ 与 $20 \sim 30\,cm$ 的差异显著（$P<0.05$）。重度放牧区每层土壤的差异均不显著（$P>0.05$）。随着放牧强度的加大，$0 \sim 10\,cm$ 土层中有机质含量呈减少趋势，轻度放牧区显著高于中度放牧区和重度放牧区（$P<0.05$）；$10 \sim 20\,cm$ 和 $20 \sim 30\,cm$ 土层有机质含量随着放牧强度的加大，其变化趋势与 $0 \sim 10\,cm$ 土层是一致的，但轻度放牧与中度放牧、重度放牧的差异显著（$P<0.05$），而中度放牧与重度放牧的差异不显著（$P>0.05$）。总之，随着放牧强度的加大，除重度放牧外，$0 \sim 30\,cm$ 土壤有机质含量随深度的增大呈减少趋势，不同放牧强度间的变化总体趋势是轻度放牧>中度放牧>重度放牧。

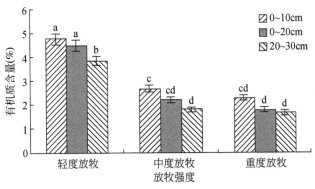

图 3-20　不同放牧强度下土壤有机质含量的变化

随着土层深度的增加，草原植被–土壤系统碳截存量呈减少趋势；随着放牧程度的加剧，碳截存量呈减少趋势。过度放牧使土壤的理化性状及土壤质量变差，进而加速土壤有机质的损失。在放牧影响下，土壤的固碳能力表现为轻度放牧区>中度放牧区>重度放牧区，即过度放牧导致草原原生群落植被–土壤系统固碳能力下降。

4 | 研究区碳库特征

4.1 草原植物碳含量分析

选择内蒙古自治区锡林郭勒草原不同气候区 3 种草原类型（草甸草原、典型草原、荒漠草原），分析内蒙古草原中 67 种植物碳含量的特征，以及碳含量与热值的相关关系，旨在为科学利用、开发和保护内蒙古草原资源，了解草原生态系统碳储量，提高草原生态系统物质循环和能量转化效率，科学估算草原植物碳储量提供理论依据。

草甸草原处于草原向森林的过渡地段，是草原群落中较湿润的类型，取样区位于西乌珠穆沁旗浩勒图高勒镇。以多年生草本为主，有极少量的灌木、小半灌木及一二年生草本植物。草地类型为低山丘陵羊草草甸草原，中旱生的羊草为建群种，其他主要次优势植物种有黄囊薹草、麻花头、贝加尔针茅、西伯利亚羽茅和线叶菊等。土壤类型为暗栗钙土。

典型草原具有典型的半干旱气候特征，是最基本的一个草原类型，取样区位于锡林河流域中游地区白音锡勒牧场的羊草典型草原区。以多年生草本为主，建群种为羊草和大针茅，其他主要次优势植物种主要有西伯利亚羽茅和黄囊薹草等。土壤类型为暗栗钙土。

荒漠草原是草原植被中最旱生的类型，取样区位于苏尼特右旗赛罕塔拉镇。植被在植物区系组成中以亚洲中部荒漠草原植物种占主导地位，以短花针茅为建群种，主要伴生种有冷蒿、无芒隐子草和草麻黄等，偶见狭叶锦鸡儿。土壤类型为淡栗钙土。

在草甸草原、典型草原、荒漠草原实验区内分别选取围封保护的样地及围栏外放牧退化样地各一个，样品采集于 2008 年 7~8 月群落地上生物量高峰期进行。在 3 类草原围栏内外样地各随机选取 10 个 0.5m×0.5m 的观测样方，齐地面分种剪下地上部分在 65℃ 烘干至恒重。同一个样地的 3~4 个样方合并分种粉碎，共 6 个样地，每个样地 3 个重复，共获得 67 种草原植物的 233 个样品。

4.1.1 碳含量频数分析

从不同样地采集的 67 种草原植物，分属于 23 个科，其主要物种和分类群的碳含量见表 4-1。经过频数分析得出，所有物种的碳含量平均值是 52.17%±2.01%。其中，一年生杂草猪毛菜的碳含量为 43.79%±1.37%，在调查的所有物种中最小；接着，从星毛委陵菜的碳含量 46.92% 到草芸香的碳含量为 52.33%±0.44%，再到多年生杂草展枝唐松草的碳含量 57.12%±4.57%，为最大值，呈现如图 4-1 所示的正态分布。

表 4-1 内蒙古草原主要植物的碳含量及其功能群划分

科	植物种	生活型	水分生活类型	碳含量（%）	样本数（个）
百合科 Liliaceae	蒙古葱 *Allium mongolicum*	PF	X	49.56±0.28	2
	山葱 *Allium senescens*	PF	MX	50.60±0.89	3
	细叶葱 *Allium tenuissimum*	PF	X	51.10±0.57	6
	双齿葱 *Allium bidentaum*	PF	X	51.46±0.98	3
	矮葱 *Allium anisopodium*	PF	M	52.89	1
	野韭 *Allium ramosum*	PF	MX	51.47±2.55	5
	天门冬 *Asparagus cochinchinesis*	A	X	52.53±2.24	2
	知母 *Anemarrhena asphodeloides*	PF	MX	52.65±0.94	4
	黄花菜 *Hemerocallis citrina* Baroni	PF	M	53.34	1
川续断科 Dipsacaceae	华北蓝盆花 *Scabiosa tschiliensis*	PF	MX	51.87	1
唇形科 Labiatae	裂叶荆芥 *Schizonepeta tenuifolia*	A	MX	51.32±1.58	2
	并头黄芩 *Scutellaria scordlifloia*	PF	MX	53.56±0.69	2
	百里香 *Thymus mongolicus*	SS	X	54.33	1
大戟科 Euphorbiaceae	乳浆大戟 *Euphoribia chanaejasme*	PF	MX	54.46	1
豆科 Leguminosae	扁蓿豆 *Pocokia ruthenica*	PF	MX	53.32±0.07	2
	乳白华黄芪 *Astragalus galactites*	PF	X	53.41±1.88	2
	草木樨状黄芪 *Astragalus melilotoides*	PF	MX	52.91	1
	狭叶锦鸡儿 *Caragana stenophylla*	SS	X	54.10±0.88	2
禾本科 Gramineae	狗尾草 *Setaria viridis*	A	M	51.34	1
	草地早熟禾 *Poa pratensis*	PF	WM	51.41±1.76	4
	羊茅 *Festuca ovina*	PG	XM	51.94	1
	菭草 *Koeleria cristata*	PG	X	52.69±0.78	6
	贝加尔针茅 *Stipa baicalensis*	PF	MX	52.95±0.94	4
	大针茅 *Stipa grandis*	PG	X	54.03±0.70	15
	羊草 *Leymus chinensis*	PG	X	53.88±1.86	18
	羽茅 *Achnatherum sibiricum*	PG	MX	53.93±1.01	10
	冰草 *Agropyron michnoi*	PG	X	54.03±2.91	13
	短花针茅 *Stipa breviflora*	PG	M	54.30±0.71	6
景天科 Crassulaceae	瓦松 *Orostachys fimbriatus*	A	X	48.62	1
桔梗科 Campanulaceae	长柱沙参 *Adenophora stenanthina*	PF	MX	51.47	1
	皱叶沙参 *Adenophora stenanthina* var. *crispate*	PF	M	53.40	1

续表

科	植物种	生活型	水分生活类型	碳含量（%）	样本数（个）
菊科 Compositae	阿尔泰狗娃花 *Heteropappus altaicus*	PF	MX	52.83±1.09	4
	火绒草 *Leontopodium leontopodium*	PF	X	51.24±1.68	4
	麻花头 *Serratula centauroides*	PF	MX	51.78±2.11	7
	线叶菊 *Filifolium sibiricum*	PF	MX	52.23±0.08	3
	冷蒿 *Artemisia frigida*	SS	X	52.73±2.23	4
	变蒿 *Artemisia commutata*	PF	X	53.87	1
藜科 Chenopodiaceae	猪毛菜 *Salsola collina*	A	XM	43.79±1.37	8
	灰绿藜 *Chenopodium glaucum*	A	M	48.89±1.22	8
	刺穗藜 *Cnenopodium aristatum*	A	M	49.24±1.36	4
	蒲公英 *Taraxacum mongolicum*	PF	M	50.02	1
	木地肤 *Kochia prostrata*	SS	X	50.19	1
蓼科 Polygonaceae	叉分蓼 *Polygonum divaricatum*	PF	XM	50.49	1
毛茛科 Ranunculaceae	白头翁 *Pulsatilla chinensis*	PF	M	51.22±0.08	2
	瓣蕊唐松草 *Thalicdtrum petaloideum*	PF	XM	53.81±1.04	4
	展枝唐松草 *Thalicdtrum squarrosum*	PF	MX	57.12±4.57	2
茜草科 Rubiaceae	蓬子菜 *Galium verum*	PF	M	54.10±2.89	2
蔷薇科 Rosaceae	星毛委陵菜 *Potentilla acaulis*	PF	X	46.92	1
	地榆 *Sanguisorba officinalis*	PF	M	51.04±1.83	2
	大委陵菜 *Potentilla conferta*	PF	X	52.78	1
	菊叶委陵菜 *Potentilla tanacetifolia*	PF	MX	50.53 ±1.73	2
	轮叶委陵菜 *Potentilla verticillaris*	PF	X	51.10±0.21	2
	二裂委陵菜 *Potentilla bifurca*	PF	X	53.50±2.50	2
瑞香科 Thymelaeaceae	狼毒 *Stellera chamaejasme*	PF	MX	53.54±1.45	3
伞形科 Umbelliferae	柴胡 *Bupleurum chinense*	PF	X	53.55±4.77	3
	防风 *Saposhnikovia divaricata*	PF	X	53.79±2.03	3
莎草科 Cyperaceae	薹草 *Carex dispalata*	PF	WM	52.51±0.75	15
	黄囊薹草 *Carex korshinskyi*	PF	MX	51.64	1
	日阴菅 *Carex pedifornis*	PF	MX	52.47±0.42	2
石竹科 Caryophyllaceae	麦瓶草 *Silene jenisseensis*	PF	X	52.07±1.00	2
	石竹 *Dianthus chinensis*	PF	MX	53.05	1
玄参科 Scrophulariaceae	芯芭 *Cymbaria dahuric*	PF	X	52.97±0.18	2

科	植物种	生活型	水分生活类型	碳含量（%）	样本数（个）
旋花科 Convolvulaceae	阿氏旋花 *Convolvulus ammannii*	PF	X	51.48±1.68	2
鸢尾科 Iridaceae	射干鸢尾 *Iris dichotoma*	PF	MX	50.15±0.05	2
	细叶鸢尾 *Iris tenuifolia*	PF	X	51.69±0.15	2
远志科 Polygalaceae	远志 *Polygala tenuifolia*	PF	X	55.69	1
芸香科 Rutaceae	草芸香 *Haplophyllum dauricum*	PF	X	52.33±0.44	3

注：X 为旱生植物；MX 为中旱生植物；XM 为旱中生植物；M 为中生植物；WM 为湿中生植物；A 为一二年生植物；SS 为半灌木；PF 为多年生杂草；PG 为多年生禾草。下同

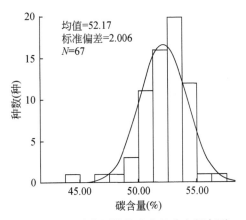

图 4-1　67 种草原植物碳含量分布频率图

4.1.2　不同生活型功能群之间的碳含量

67 个物种基于生活型可以分成 4 个功能群，即半灌木、多年生杂草、多年生禾草和一二年生植物（图 4-2）。其中，多年生杂草的种数最多（49 种），半灌木仅 4 种，一二年生植物和多年生禾草都是 7 种。基于生活型功能群的碳含量平均值的顺序为一二年生植物（49.39%±2.88%）<多年生杂草（52.31%±1.65%）<半灌木（52.84%±1.90%）<多年生禾草（53.54%±0.88%）。结果表明，不同功能群之间碳含量具有差异，多年生禾草的平均值显著高于一二年生植物，半灌木和多年生杂草居中。一二年生植物碳含量和其他三类（多年生杂草、多年生禾草和半灌木）存在显著差异，分别为 $P<0.001$、$P<0.001$ 和 $P<0.01$，其他三者之间无统计学差异（$P>0.05$）。

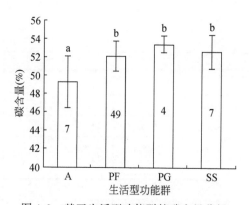

图 4-2　基于生活型功能群的碳含量分析

注：不同小写字母表示均值差异显著（$P<0.05$）；条形内的数字代表包含的物种数

4.1.3　不同水分生态型功能群之间的碳含量

水分通常被认为是内蒙古自治区锡林郭勒草原植物生长的关键限制因子，基于植物的水分生态型，将 67 个物种分成 5 个功能群，即旱生植物、中旱生植物、旱中生植物、中生植物和湿中生植物。旱生植物（28 种）和中旱生植物（22 种）种类较多，湿中生植物种类较少，仅有 2 种。基于水分生态型的碳含量平均值的顺序为旱中生植物（50.01% ± 4.36%）<中生植物（51.80% ±1.92%）< 湿中生植物（51.96% ±0.78%）<旱生植物（52.34% ±1.90%）<中旱生植物（52.54% ±1.53%）。研究结果表明，不同水分生态型功能群之间的碳含量无显著性差异（$P>0.05$）；旱中生植物功能群的平均碳含量略低于其他组，其他功能群的碳含量基本一致（图 4-3）。

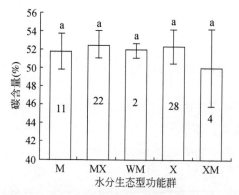

图 4-3　基于水分生态型功能群的碳含量分析

4.1.4　主要科之间的碳含量

采集到的 67 个物种的碳含量分属于 23 个科，其中，禾本科植物种数最多（10 种），其次为百合科（9 种），川续断科和大戟科等 10 个科只有一种。所有种的平均值为（52.17%±2.01%）。选取植物种数大于等于 4 种的 6 个科进行比较（图 4-4），其碳含量的平均值大小顺序为藜科（48.43%±2.65%）＜蔷薇科（50.98%±2.29%）＜百合科（51.73%±1.22%）＜菊科（52.45%±0.92%）＜禾本科（53.05%±1.15%）＜豆科（53.44%±0.49%）。豆科和禾本科具有较高的碳含量；藜科的碳含量最低，明显低于其他科，并和其他科之间差异显著（$P<0.05$）。蔷薇科、百合科和菊科之间没有显著性差异（$P>0.05$），百合科、菊科、禾本科和豆科之间也没有显著性差异（$P>0.05$）。

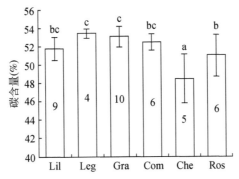

图 4-4　基于科（种类≥4）的分类群碳含量分析

注：Lil、Leg、Gra、Com、Che 和 Ros 分别代表百合科、豆科、禾本科、菊科、藜科和蔷薇科

4.2　呼伦贝尔草原碳库特征

4.2.1　不同植物群落类型碳库特征

在呼伦贝尔草原测定了 38 种植物群落的碳密度，其中，草甸草原植物群落有 21 种、典型草原植物群落有 12 种、薹草群落（草甸草原退化群落）有 5 种（表 4-2）。

表 4-2　呼伦贝尔草原各植物群落类型碳库特征　　　　　（单位：g C/m²）

植物群落类型		植被碳密度	土壤碳密度	植被地上碳密度	植被地下碳密度
草甸草原植物群落	贝加尔针茅+羊草+薹草	705.62	9 169.56	55.63	649.99
	贝加尔针茅+羊草+隐子草	668.04	9 956.74	61.67	606.37
	贝加尔针茅+日阴菅+胡枝子	740.10	10 824.01	74.20	665.90
	贝加尔针茅+隐子草+羊草	504.75	7 381.94	44.37	460.38
	贝加尔针茅+羊茅+星毛委陵菜	572.22	8 368.78	34.61	537.61
	贝加尔针茅+日阴菅	539.54	4 749.21	33.88	505.66
	山葱+羊茅+羊草	770.20	11 264.17	109.50	660.70

续表

植物群落类型		植被碳密度	土壤碳密度	植被地上碳密度	植被地下碳密度
草甸草原植物群落	羊草+唐松草+薹草	512.00	7 487.97	48.75	463.25
	羊草+白头翁+冰草	689.31	10 081.23	45.76	643.55
	羊草+杂类草	1 090.65	8 817.96	49.75	1 040.90
	薹草+隐子草+羊草	515.40	13 068.19	38.92	476.48
	日阴菅+羊草+裂叶蒿	691.68	10 115.87	64.07	627.61
	日阴菅+贝加尔针茅+麻花头	388.77	4 564.55	48.50	340.27
	日阴菅+大萼委陵菜+冰草	895.23	13 092.75	61.22	834.01
	日阴菅+地榆+贝加尔针茅	630.91	3 863.16	70.29	560.62
	日阴菅+贝加尔针茅+狼毒	442.69	6 474.28	52.78	389.91
	隐子草+日阴菅+贝加尔针茅	453.38	6 458.96	44.70	408.68
	糙隐子草+羽茅+羊草	662.63	8 200.29	33.18	629.45
	糙隐子草+冷蒿+冰草	483.09	9 895.63	41.06	442.03
	寸草薹+狗尾草+双齿葱	167.04	2 442.98	16.47	150.57
	拂子茅+叉分蓼+香青兰	933.54	13 652.98	72.35	861.19
薹草群落	寸草薹+无芒雀麦	273.93	4 006.21	12.31	261.62
	寸草薹+杂类草	230.67	3 373.52	12.77	217.90
	寸草薹+杂类草	322.92	4 722.68	20.88	302.04
	寸草薹+杂类草	470.77	10 497.60	13.32	457.45
	薹草+无芒雀麦+羊草	415.97	6 083.52	16.51	399.46
典型草原植物群落	羊草+大针茅+羊茅	365.92	5 728.79	51.41	314.51
	羊草+冷蒿+大针茅	452.02	6 610.83	70.20	381.82
	羊草+隐子草+星毛委陵菜	806.54	8 801.37	54.65	751.89
	大针茅+羊草+糙隐子草	569.31	7 065.88	42.38	526.93
	大针茅+羊草+羽茅	512.48	5 421.22	50.42	462.06
	大针茅+羊草	360.27	5 269.01	51.30	308.97
	大针茅+糙隐子草+薹草	448.72	6 562.55	18.62	430.10
	糙隐子草+杂类草	784.55	11 473.99	44.60	739.95
	糙隐子草+柴胡+星毛委陵菜	562.99	5 867.79	51.78	511.21
	糙隐子草+落草+冷蒿	476.86	6 973.99	33.78	443.08
	薹草+双齿葱+冷蒿	400.35	4 619.08	46.51	353.84
	星毛委陵菜+糙隐子草+薹草	690.13	10 093.08	32.84	657.28

4.2.2　不同草原的植被碳库与土壤碳库的关系

尽管不同草原生态系统的碳密度存在显著差异，但在碳库的总体构成中，地上植物群落和地下根系组成的植被碳库在总碳库中所占的比例表现出高度一致性，占7%～8%，而土壤碳库约占92%（表4-3）。

表4-3 不同草原的植被碳库与土壤碳库的比例关系

草原类型	植被碳密度（g C/m²）	土壤碳密度（g C/m²）	总碳密度（g C/m²）	植被碳密度占总碳密度比（%）
草甸草原	648.34	7959.6	8607.94	7.53
典型草原	535.84	6250.7	6786.54	7.90
薹草群落	342.84	4392.3	4735.14	7.24

我国学者已经对内蒙古自治区草地碳储量进行了估算。本研究的呼伦贝尔草原植被碳库固碳量与前人的研究相比有一定的差异。方精云等（2007）、朴世龙等（2004）和马文红等（2006）所估算的内蒙古自治区草地植被平均碳密度分别为314.92g C/m²、268.9g C/m²和386.32g C/m²，本研究的结果与之相比较高。研究区内大面积为草甸草原，水分条件较好，土壤肥力较强，是全国草量最高的草原之一，总体植被状况较好，所以大于内蒙古自治区草地植被平均碳密度（340g C/m²），并且由于有较多的多年生草本，地下生物量在总生物量中占比为88.74%，同其他研究调查发现的生物量的85%储存在地下植物根系中相比较偏高（马文红等，2006）。

4.3 毛乌素沙地碳库特征

4.3.1 不同植被类型碳密度

对乌审旗有机碳库储量的估算包括植被有机碳库和土壤有机碳库两部分。2011～2012年分别设置33个调查样地，采样时间为7月中旬至8月下旬。草本植物样方获得植物分种地上生物量、地上凋落物，使用根钻法获得地下生物量；灌木样方则测量灌木高度、冠幅，采用标准株的方法，计算样方内生物量，通过标准株法得到地下生物量。在各植被样方内分层获得地下1m的土样（0～10cm、10～20cm、20～30cm、30～60cm、60～100cm）；使用环刀法获得各层土壤容重。使用EA300元素分析仪测定各种植物和不同土壤类型有机碳含量。由于部分植被类型样方只有地上生物量（面积约占乌审旗总面积的13.89%），本研究从相关文献中查阅根茎（根冠）比例系数，并使用系数0.45将生物量转换为有机碳量；从文献中获得部分缺乏的土壤有机碳密度值。利用2012年HJ-1A CCD2遥感数据，解译获得乌审旗植被类型图。将植被类型空间数据与野外调查数据相连接，获得各植被类型及土壤有机碳密度（表4-4）。

表4-4 乌审旗不同植被类型的植被地上碳密度、地下碳密度和土壤有机碳密度

植被类型一级类	植被类型二级类	土地利用/覆被类型	类型代码	2012年面积（km²）	植被地上碳密度（g C/m²）	植被地下碳密度（g C/m²）	土壤有机碳密度（g C/m²）
森林	人工林	林地	VGT1	65.62	550.70	72.47[a]	3772.10

续表

植被类型 一级类	植被类型 二级类	土地利用/ 覆被类型	类型 代码	2012年 面积 （km²）	植被地上 碳密度 （g C/m²）	植被地下 碳密度 （g C/m²）	土壤有机 碳密度 （g C/m²）
沙地半灌木 及草本植被	油蒿群落	固定沙地	VGT2	2 934.26	143.38	71.82	4 093.63
	沙地柏群落		VGT3	243.37	242.72	242.72	4 681.98
	柠条、油蒿群落		VGT4	682.32	69.74	124.91[b]	4 859.46
	油蒿、苦豆子、牛心朴子群落		VGT5	99.10	165.63	103.61	3 505.06
	沙地柳湾林	半固定 沙地	VGT6	867.72	223.90	49.29	2 122.11
	油蒿群落		VGT7	1 187.25	124.45	45.18	2 887.75
	牛心朴子、苦豆子、沙米、 油蒿群落		VGT8	99.89	123.04	32.19	2 807.17
	沙地先锋植物群落	流动沙地	VGT9	3 582.93	87.24	20.94	1 945.96
草甸与沼泽 植被	寸草滩及禾草滩	沼泽地	VGT10	901.87	313.45	1 332.14	13 624.94
	芨芨草滩		VGT11	258.20	185.81	789.70	5 175.91
盐生植被	碱蓬及碱蓬、盐角草群落	盐碱地	VGT12	125.33	234.96	998.60	890.00[c]
	盐爪爪及西伯利亚白刺群落		VGT13	8.78	190.72	810.55	970.00[c]
农田群落	农田	耕地	VGT14	483.36	0.00	0.00	2 787.50[d]
其他	水体	水域	VGT15	116.38	0.00	0.00	76.80[e]
	城镇村	城镇村	VGT16	22.97	0.00	0.00	1 945.96[f]

注：a，根茎比例系数为0.51；b，根茎比例系数为3.95；c，土壤有机碳密度来源于郑姚闽等（2012）；d，农田土壤有机碳密度来源于丁越岿等（2012）；e，根据吕昌伟等（2010）的水体碳密度（$0.64×10^4 \mu$mol/L）计算而来；f，本研究认为城镇村土壤碳储量与流动沙地相同

4.3.2 碳库储量变化

利用1977年的Landsat 3 MSS，1987年、1997年和2007年的Landsat 5 TM，以及2012年的HJ-1A CCD2等多期遥感数据，经过几何校正、波段合成、目视解译获得乌审旗5期植被覆盖图（解译过程中参考1987年《乌审旗植被图》，植被类型见表4-4，该表同时包括植被类型和土地利用/覆盖类型两种分类系统）。将处理好的植被类型图与各植被类型有机碳密度实测值，应用InVEST 3.1.0软件的碳储与吸收模型，计算不同时期的陆地生态系统固碳量。

以1977年乌审旗陆地生态系统碳库储量为碳增汇研究起点，1977～2012年陆地生态系统碳库储量呈V形变化（表4-5）。1977年碳库储量起始值为47.60Tg C，经1987年减少（47.03Tg C），到1997年碳库储量减少至最低值（45.92Tg C），其后碳库储量开始增加，到2012年达到最大值（48.38Tg C），平均碳库储量是47.38Tg C。从各个研究时段碳汇年变化来看，1977～1987年、1987～1997年，碳库储量减少量分别为

0.06Tg C/a 和 0.11Tg C/a，变化相对平稳。有机碳储量减少 1.68Tg C，有机碳库减少区域面积为 1502.48km²，碳库增加区域面积为 1424.60km²。1997～2007 年碳汇增量变化较大，年均碳增汇 0.21Tg C，增汇现象明显；而 2007～2012 年碳汇增量减少，为 0.08Tg C/a，碳库储量相对于 1997 年增加 0.80Tg C。2007～2012 年碳库减少区域面积为 1160.40km²，碳库增加区域面积为 2176.41km²。

表 4-5　乌审旗不同年份各植被类型面积和碳储量变化情况

植被类型*	1977 年		1987 年		1997 年		2007 年		2012 年	
	面积（km²）	碳储量（Tg）	面积（km²）	碳储量（Tg）	面积（km²）	碳储量（Tg）	面积（km²）	碳储量（Tg）	面积（km²）	碳储量（Tg）
VGT1	50.05	0.22	56.92	0.25	61.12	0.27	64.55	0.28	65.62	0.29
VGT2	2 676.16	11.53	2 369.25	10.21	2 555.23	11.01	2 949.18	12.71	2 934.26	12.64
VGT3	200.82	1.04	204.73	1.06	195.00	1.01	242.07	1.25	243.37	1.26
VGT4	755.56	3.82	716.56	3.62	783.59	3.96	706.46	3.57	682.32	3.45
VGT5	120.97	0.46	109.62	0.41	88.92	0.34	102.80	0.39	99.10	0.37
VGT6	503.41	1.21	510.04	1.22	651.29	1.56	872.79	2.09	867.72	2.08
VGT7	776.64	2.37	697.27	2.13	824.05	2.52	859.90	2.63	1 187.25	3.63
VGT8	99.05	0.29	92.49	0.27	107.75	0.32	100.89	0.30	99.89	0.30
VGT9	4 717.45	9.69	5 100.28	10.48	4 807.73	9.88	3 900.26	8.01	3 582.93	7.36
VGT10	910.99	13.91	933.32	14.25	804.29	12.28	891.14	13.61	901.87	13.77
VGT11	324.80	2.00	323.85	1.99	288.12	1.77	257.01	1.58	258.20	1.59
VGT12	105.65	0.22	113.57	0.26	121.37	0.26	113.38	0.24	125.33	0.27
VGT13	13.07	0.03	16.60	0.03	11.26	0.02	8.78	0.02	8.78	0.02
VGT14	288.94	0.81	301.77	0.84	257.54	0.72	465.95	1.30	483.36	1.35
VGT15	132.32	0.01	127.92	0.01	114.24	0.01	121.24	0.01	116.38	0.01
VGT16	3.52	0.01	5.21	0.01	7.87	0.01	22.96	0.04	22.96	0.04
合计	11 679.4	47.62	11 679.4	47.02	11 679.4	45.95	11 679.4	48.03	11 679.4	48.43

*植被类型代码同表 4-4

从现状（2012 年）看，各植被类型碳储量由多到少分别为寸草滩及禾草滩（VGT10）、固定沙地上的油蒿群落（VGT2）、沙地先锋植物群落（VGT9C）、半固定沙地上的油蒿群落（VGT7）、柠条、油蒿群落（VGT4）、沙地柳湾林（VGT6），以及芨芨草滩（VGT11）等。这些群落类型有机碳储量占该旗陆地生态系统有机碳含量的 92.11%，面积占乌审旗总面积的 89.17%。

从研究时段看，1977～1997 年碳库储量减少 1.68Tg C，其中，碳库减少区域面积为

1502.48km²、碳库增加区域面积为 1424.60km²，主要因为沙地半灌木及草本植被和草甸与沼泽植被面积减少。1997～2012 年碳库储量相对于 1977 年增加 0.77Tg C，其中，碳库减少区域面积为 1160.40km²、碳库增加区域面积为 2176.41km²，其中，主要碳增汇的植被类型为固定沙地上的油蒿群落、寸草滩及禾草滩、半固定沙地上的油蒿群落、农田、沙地柳湾林。

从变化的空间格局（图 4-5）看，1977～1987 年碳库减少区域面积较大（716.34km²）并呈团块状分布，同时伴随着小面积的碳库增加区域（221.77km²）。1987～1997 年，碳增汇的面积为 1202.83km²，减少的面积为 786.14km²。1997～2007 年，碳库增加区域出现在全旗范围，面积为 1778.98km²；减少的面积为 1011.48km²。2007～2012 年，碳库增加区域零星分布于旗域范围内，面积为 397.43km²；碳库减少区域面积仅为 148.92km²。

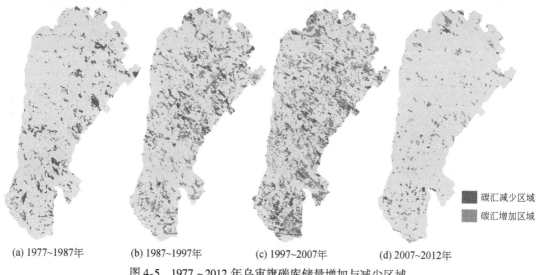

██ 碳汇减少区域
██ 碳汇增加区域

(a) 1977～1987年　　(b) 1987～1997年　　(c) 1997～2007年　　(d) 2007～2012年

图 4-5　1977～2012 年乌审旗碳库储量增加与减少区域

4.3.3　三种沙地类型植被的碳密度

将收集的样品进行处理分析，结合固定、半固定、流动沙地中各样方所调查的植被信息，估算出三种沙地类型植被碳密度状况（表 4-6）。

表 4-6　三种沙地类型植被碳密度状况　　　　　（单位：g C/m²）

沙地类型	灌木/半灌木	草本
固定沙地	437.713	36.307
半固定沙地	363.103	9.067
流动沙地	166.501	26.668

表 4-6 显示出在三种沙地类型中，植被固碳效果最好的为固定沙地，其次为半固定沙

地，流动沙地的固碳效果最差，说明沙地严重退化可能导致固碳能力下降。

在三种沙地类型中，随着沙化程度的增大，灌木、半灌木平均固碳量都呈现不同程度的递减趋势，草本的平均固碳量则呈现先减后升的趋势。

固定沙地上的灌木主要为中间锦鸡儿，半灌木为油蒿，草本则多以雾冰藜和尖头叶藜等多年生草本为主，草本植物种类达到 27 种。随着沙化程度的增大，灌木、半灌木的冠幅、草本的平均高度、植被的平均盖度及植物多样性均发生递减变化，从而导致生物量降低，固碳量下降。

在半固定沙地上，灌木由沙柳代替了中间锦鸡儿，半灌木依然以油蒿为主并出现了少量的羊柴，草本种类减少，并出现沙米等一年生草本，植被平均盖度下降至 33.05%，固碳能力低于固定沙地。

发展到流动沙地，灌木、半灌木分别以沙柳及油蒿为主，羊柴数量增加，草本种类仅可见沙米和虫实等 4 种，植被的平均盖度下降至 17.53%，平均固碳量最差，是半固定沙地平均固碳量的 42.65%，是固定沙地平均固碳量的 59.54%。

4.3.4 灌木、半灌木在三种沙地类型中的碳密度变化

灌木、半灌木在三种沙地类型中的碳密度变化见表 4-7。

表 4-7 灌木、半灌木在三种沙地类型中的碳密度状况 （单位：g C/m²）

沙地类型	油蒿（半灌木）	羊柴（半灌木）	沙柳（灌木）	中间锦鸡儿（灌木）
固定沙地	148.425	—	—	289.288
半固定沙地	183.483	1.97	177.65	—
流动沙地	52.618	19.981	93.902	—

由表 4-7 可以看出，在固定沙地的灌木、半灌木结构中，中间锦鸡儿的平均固碳量占了很大部分，为灌木、半灌木总固碳量的 66.09%；在半固定沙地中，主要集中在油蒿和沙柳，分别占总固碳量的 50.53% 和 48.93%。在流动沙地中，沙柳的平均固碳量最大，占总固碳量的 56.40%。

在固定沙地中，中间锦鸡儿的优势度高于油蒿，其平均盖度和平均高度也比油蒿高，生物量占比较高，因此，在固定沙地的灌木、半灌木结构中，中间锦鸡儿灌丛是主要的固碳场所；当固定沙地逐渐退化为半固定沙地时，中间锦鸡儿的优势度降低，数量逐渐减少，沙柳及油蒿开始占据优势地位，直至中间锦鸡儿从沙地灌木、半灌木结构中退出，形成以油蒿和沙柳为优势种的灌木、半灌木结构，并出现少量的羊柴；当半固定沙地进一步退化，向流动沙地转变时，油蒿的优势度逐渐下降，其灌木、半灌木结构则以沙柳为优势种，羊柴也逐渐增加，因此，在流动沙地中，固碳量多集中在沙柳灌丛中。

4.3.5 草本在三种沙地类型中的碳密度变化

草本在三种沙地类型中的碳密度变化见表4-8。

表4-8 草本在三种沙地类型中的碳密度变化

沙地类型	植物种数（种）	主要植物种	平均碳密度（g C/m²）
固定沙地	27	本氏针茅、胡枝子、乳白花黄芪、米口袋、画眉草、地锦、褐甙、刺穗藜、阿氏旋花、猪毛菜、艾蒿、隐子草、乳浆大戟、狗尾草、寸草薹、鹅绒委陵菜、欧亚旋覆花、碱茅、赖草、金戴戴、海韭菜、雾冰藜、刺藜、尖头叶藜、虎尾草、蒙古葱、冰草	36.307
半固定沙地	8	地梢瓜、狗尾草、假苇拂子茅、苦荬菜、芦苇、沙米、虫实	9.067
流动沙地	4	沙米、虫实、芦苇、沙旋复花	26.668

由表4-8可以看出，随着沙地的逐渐退化，草本种类数量急剧下降；平均固碳量呈现先降后升的趋势。

在固定沙地中，土壤有机质及水分条件较好，草本层物种种类很多，平均盖度及平均高度较其他两类沙地类型都是最高的，因此，其平均生物量也是最大的，平均固碳量高；由于自然条件及人为因素的破坏，生态环境不断退化，固定沙地向半固定沙地转变，多年生草本开始逐渐减少，以沙米为代表的一年生草本开始占据优势地位，草本种类数量大幅下降，其平均生物量及平均固碳量下降；当半固定沙地完全退化成流动沙地时，多年生草本已退出草地群落结构，沙米等一年生先锋植被完全占据优势，虽然草本种类数量只有4种，但沙米生长旺盛，在流动沙地上常常形成单优群聚，平均盖度较大，平均生物量及平均固碳量较半固定沙地有所回升。

4.3.6 土壤在三种沙地类型中的碳密度变化

土壤在三种沙地类型中的碳密度变化见表4-9。

表4-9 三种沙地类型平均固碳状况 （单位：g C/m²）

沙地类型	灌木/半灌木	草本	土壤
固定沙地	446.713	36.307	4894.199
半固定沙地	355.145	9.067	3474.218
流动沙地	166.501	26.668	2097.085

由表4-9可以看出，在三种沙地类型中，土壤固碳量远大于植被固碳量，平均固碳量大约是植被平均固碳量的10倍，因此，土壤在三种沙地类型中是主要的固碳场所。

在三种沙地类型中，随着沙化程度的增大，土壤平均固碳量呈现递减趋势。

从流动沙地到半固定沙地再到固定沙地的演替过程中，其土壤的平均有机碳含量逐级递增。这是因为土壤中的有机碳来源，主要是植物的分解释放。在流动沙地中，灌木、半灌木及草本的平均盖度仅有 17.53%，导致地表的凋落物容易随着风沙的来临而被移走，使凋落物的输入量大大减少，土壤中的有机碳储量较低；由于人为地对退化沙地进行封育，禁止人与家畜入内，流动沙地中的灌木、半灌木及草本得到了休养生息，植被的平均盖度增长至 33.05%。沙地开始固定，但相比固定沙地，其凋落物仍较易被移走，草本虽然种类增加，但是平均盖度较低，因此，其平均有机碳储量在流动沙地和固定沙地之间；当封育较长时间后，半固定沙地向固定沙地转变，此时，灌木、半灌木群落开始稳定，灌木下的草本层也渐渐发展起来，土壤中的有机质来源不仅有大量的凋落物，还有庞大的植被根系，使得土壤有机碳储量大大增加。

| 5 | 碳增汇潜力分析

5.1　呼伦贝尔草原碳增汇潜力遥感分级评价

　　为了对呼伦贝尔草原退化的时空变化规律取得全面客观的认识，本研究利用两种遥感数据产品：①1981～2000 年的 NOAA/AVHRR NDVI 月合成产品，空间分辨率为 2km（由中国农业科学院提供）；②2001～2012 年的 MODIS MOD13Q1 NDVI 数据产品（http：//ladsweb. nascom. nasa. gov/data/search. html），空间分辨率为 250m。以上遥感产品经一系列校正，如传感器灵敏度随时间变化、长期云覆盖引起的 NDVI 值反常、北半球冬季由于太阳高度角变高引起的数据缺失及云和水蒸气引起的噪声等；另外，数据也经过了大气校正及 NOAA 系列卫星信号的衰减校正，从而消除了因分辨率不同导致的数据差异，保证了数据质量。同时，对两种遥感数据进行了卫星信号衰减校正，以解决分辨率不统一产生的问题。在图层构建时，采用 ArcGIS 10.0 软件的栅格计算功能模块。

5.1.1　历年最大植被覆盖度未退化最佳状态图层的构建

　　最大值合成（maximum value composite，MVC）法是国际通用的方法。大气、云、雾和地形阴影等方面会对研究对象产生影响，在计算 NDVI 时采用 MVC 方法可以消除云、雾及地形阴影的消减作用。由于草原植被生长季主要是 5～8 月，提取 1981～2012 年每年 5～8 月的 NDVI 数据，通过栅格计算［式（5-1）］，提取相同像元不同时序的最大值，从而得到各年 NDVI 最大值的图层。

$$\mathrm{NDVI}_{\mathrm{MAX}\,j} = \mathrm{MAX}(\,\mathrm{NDVI}_i\,) \tag{5-1}$$

式中，j 表示 1981 年，1982 年，$\cdots$，2012 年；i 表示 5 月、6 月、7 月、8 月；$\mathrm{NDVI}_{\mathrm{MAX}\,j}$ 表示第 j 年的 NDVI 最大值图层。

　　通过式（5-1）的计算，得到 1981～2012 年生长季最大值图层 32 张，对这些图层进行栅格计算［式（5-2）］，所得图层为 1981～2012 年生长季 NDVI 最大值图层。

$$\mathrm{NDVI}_{\mathrm{MAX}} = \mathrm{MAX}(\,\mathrm{NDVI}_{\mathrm{MAX}\,j}\,) \tag{5-2}$$

式中，$\mathrm{NDVI}_{\mathrm{MAX}}$ 表示 1981～2012 年生长季 NDVI 最大值图层。

5.1.2　非生长季植被覆盖度参照图层的构建

　　由于研究区植被类型复杂多样，不仅有森林、草地，也有大面积湿地和流动沙地，不同的植被类型在非生长季的植被覆盖状况差异显著，这些不同的地表湿度和粗糙度等条件会造成与实际值有所误差，所以参考植被覆盖度计算公式（周兆叶等，2009），针对这些问题对 1981～2012 年 NDVI 构建研究区非生长季植被覆盖度参照图层，见式（5-3）和式（5-4）。

$$\mathrm{NDVI}_{\mathrm{MAX}(k)}' = \mathrm{MAX}(\mathrm{NDVI}_{(L)}) \tag{5-3}$$

式中，k 表示 1981 年，1982 年，…，2012 年；L 表示 11 月、12 月、1 月、2 月；$\mathrm{NDVI}_{\mathrm{MAX}(k)}'$ 表示第 k 年非生长季植被覆盖度参照图层。

通过式（5-3）的计算，得到 1981～2012 年非生长季参照图层 32 张，对这些图层进行栅格计算［式（5-4）］，所得图层为 1981～2012 年非生长季植被覆盖度参照图层。

$$\mathrm{NDVI}_{\mathrm{MIN}} = \mathrm{MAX}(\mathrm{NDVI}_{\mathrm{MAX}(k)}') \tag{5-4}$$

式中，$\mathrm{NDVI}_{\mathrm{MIN}}$ 表示 1981～2012 年非生长季植被覆盖度参照图层。

通过式（5-5）即可获得 1981～2012 年研究区每个像元在生长季内由植被生长所构建的未退化最佳状态图层，该图层相当于野外调查中选取的无人为干扰状态下的未退化群落样地。

$$\mathrm{NDVI}_{\text{未退化最佳状态}} = \mathrm{NDVI}_{\mathrm{MAX}} - \mathrm{NDVI}_{\mathrm{MIN}} \tag{5-5}$$

5.1.3　不同时期草原植被覆盖度变化与碳增汇潜力空间

以 NDVI 为基础，依据已构建的未退化最佳状态图层，可以对研究区 20 世纪 80 年代、90 年代和 21 世纪初的草原状况进行更加客观的分析，以反映不同时期（年代）草原植被覆盖度的变化与差异。根据式（5-6）计算获得各年代的 NDVI 图层。

$$\mathrm{NDVI}_{\text{平均}j} = \frac{\sum_{i=1}^{n} \mathrm{NDVI}_{\mathrm{MAX}(i)}}{n} \tag{5-6}$$

式中，i 表示 3 个年代中的每一年，即 20 世纪 80 年代 1981 年，…，1990 年；90 年代 1991 年，…，2000 年；21 世纪初 2001 年，…，2012 年。20 世纪 80 年代 $n=10$，90 年代 $n=10$，21 世纪初 $n=12$。j 代表 3 个年代中的某一个年代。

然后去除非生长季植被覆盖度参照图层每个像元的 NDVI 值（$\mathrm{NDVI}_{\mathrm{MIN}}$），得到各年代由植被生长所产生的最大植被覆盖度的理想图层 $\mathrm{NDVI}_{\text{实际}j}'$。

$$\mathrm{NDVI}_{\text{实际}j}' = \mathrm{NDVI}_{\text{平均}j} - \mathrm{NDVI}_{\mathrm{MIN}} \tag{5-7}$$

根据各年代的植被实际覆盖度状况与理想生长状态之间的差值，可以判定每个像元从某个年代的实际状况到未退化最佳状态所具有的碳增汇潜力空间［式（5-8）］。

$$\text{碳增汇潜力空间} = 100 \times (\mathrm{NDVI}_{\text{未退化最佳状态}} - \mathrm{NDVI}_{\text{实际}j}') / \mathrm{NDVI}_{\text{未退化最佳状态}} \tag{5-8}$$

草原植被的生长状况和覆盖度受气候的年际波动、气候的趋势性变化和人为过度放牧等因素的影响而发生显著变化。某个时期植被覆盖度的实际状况与未退化最佳状态之间的差距是反映草原退化状况的一个重要指标，同时也反映了植被生长增量或碳增汇潜力空间的大小。为了与国内大量的关于草原退化研究工作相对应，本研究参考刘钟龄等（2002）建立的草原退化等级划分标准中不同退化程度的草原植被生物量分级，根据不同时期草原植被 NDVI 值的变化，对研究区草原植被的碳增汇潜力进行分级分析（表 5-1）。

表 5-1　呼伦贝尔草原植被退化等级划分

碳增汇 潜力等级	碳增汇潜力 空间（%）	植被覆 盖度（%）	草原退化 等级	分级说明
无碳增汇潜力区	0～15	75～100	未退化区	草原退化不明显，植被覆盖度与未退化最佳状态差距较小，变化幅度为 0~15%
低碳增汇潜力区	15～50	50～75	轻度退化区	草原呈中轻度退化状态，植被覆盖度与未退化最佳状态有一定差距
中碳增汇潜力区	50～75	15～50	中度退化区	草原呈中重度退化状态，植被覆盖度与未退化最佳状态存在明显差距
高碳增汇潜力区	75～100	0～15	重度退化区	草原呈重度、严重退化状态，植被覆盖度与未退化最佳状态具有极为显著的差距

5.1.4　呼伦贝尔草原植被覆盖度的时空变化规律

5.1.4.1　呼伦贝尔草原植被覆盖度变化及退化类型分析

根据 1981～2012 年平均 NDVI 值的计算分析（图 5-1），20 世纪 80～90 年代，NDVI 值呈波动变化且变化幅度很小，基本都大于 1981～2012 年 NDVI 均值线。2000 年以后，NDVI 值大幅度下降，至 2012 年，NDVI 值表现出剧烈的大幅度波动，而且各年份的 NDVI 值也基本都低于 1981～2012 年 NDVI 均值线。1981～2012 年 NDVI 值连续变化趋势说明，研究区植被覆盖度呈现出整体下降趋势，进入 21 世纪后速度加快。虽然 20 世纪 80 年代、90 年代植被状态相对较好，但距离未退化最佳状态 NDVI 值（178）还有一定距离。

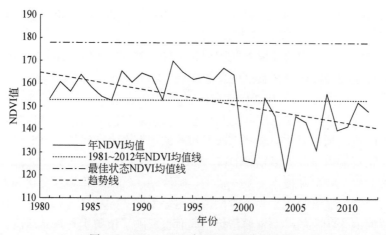

图 5-1　1981～2012 年 NDVI 均值变化图

根据退化等级划分标准将每年的草原植被覆盖状态进行分级（图5-2）。2000年以前除去少数年份变化较大外，总体上各类型比例呈稳定态势，只有少量的轻度退化现象。从21世纪开始，退化类型比例逐年提高，并且自2002年和2004年开始出现中度退化和重度退化。

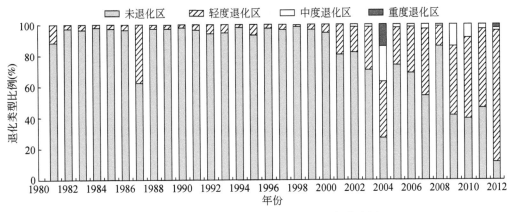

图5-2　1981～2012年每年退化类型比例分布图

5.1.4.2　呼伦贝尔草原不同年代植被覆盖度的时空格局分析

从表5-2和图5-3可知，20世纪80年代及90年代，呼伦贝尔草原一直保持较为完好的原生植被状态，未退化区占总面积的90%以上，没有出现中度退化和重度退化的情况，草原的退化状态呈散布的点状，主要集中在新巴尔虎右旗南部。21世纪初，呼伦贝尔草原植被退化显著加重，退化的草原面积占55%左右，轻度退化面积接近50%，同时出现了中度退化和重度退化，除东部接近大兴安岭山地森林区的森林草原带植被状态较为完好以外，其他呈不同退化程度的草原已连成片状，其中，新巴尔虎右旗、新巴尔虎左旗、陈巴尔虎旗草原退化问题较为严重。

表5-2　呼伦贝尔草原植被不同年代草原退化面积及比例

退化等级	20世纪80年代		20世纪90年代		21世纪初	
	面积（km²）	比例（%）	面积（km²）	比例（%）	面积（km²）	比例（%）
未退化区	75 462.82	91.32	75 436.16	91.28	37 715.84	45.64
轻度退化区	7 175.39	8.68	7 202.05	8.72	41 253.61	49.92
中度退化区	—	—	—	—	3 571.23	4.32
重度退化区	—	—	—	—	97.53	0.12
总面积	82 638.21	100.00	82 638.21	100.00	82 638.21	100.00

如果把呼伦贝尔草原作为一个整体，对比不同年代植被的生长状态可以看出（表5-3），尽管20世纪80年代及90年代草原保持了较为良好的自然状态，但与每个像元均保持未退化最佳状态（历史最佳生长状态）的整体情况相比，植被的覆盖状况或生物量依然存在10%以上的差距，而在21世纪初这种差距达到20%以上。

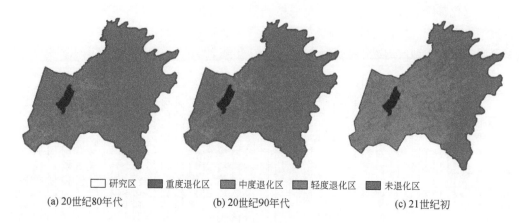

□ 研究区　■ 重度退化区　■ 中度退化区　□ 轻度退化区　■ 未退化区

(a) 20世纪80年代　　　　(b) 20世纪90年代　　　　(c) 21世纪初

图 5-3　呼伦贝尔草原植被覆盖年代变化情况示意图

注：图中蓝色区域未包括在研究区域内。下同

表 5-3　呼伦贝尔草原整体在不同年代与最理想状态 NDVI 值比较

项目	NDVI 整体均值	NDVI 与未退化最佳状态差值	比例（%）
20 世纪 80 年代	159.66	19.14	10.70
20 世纪 90 年代	159.51	19.29	10.79
21 世纪初	142.16	36.64	20.49
1981～2012 年未退化最佳状态	178.80	—	—

5.1.4.3　呼伦贝尔草原不同状态下植被覆盖度的时空格局分析

植被生长状况是反映区域气候条件与生物生产力的最直观、最敏感的生态指标，特定区域特定时间段内草原植被覆盖变化可在一定程度上反映草原的牲畜承载能力及草原的退化状况与过程。可是，在草原退化面积不断扩展的情况下，基于局部地点调查建立的退化评价标准，并不能客观说明研究区在特定区域和特定时间上相对于历史出现过的最佳生长状况的变化情况。在野外调查中，由于研究区域面积大，只是对具有典型代表性的地点进行研究，难以分析评价区域的整体状况。在大范围草原普查中这种传统方法费时耗力，并且气候、布点和人为因素等缺少统一标准而造成数据上存在差异，导致与已有研究结果存在差异，所得结论亦存在较大差异。本研究针对这种状况，利用生物量与 NDVI 的线性回归关系，建立草原原生群落状态的对照图层，以构建一种基于图像代数的草原退化分级评价方法，并根据该方法探讨呼伦贝尔草原退化格局。研究成果可以更为客观地从时空维度上揭示草原整体退化的发展趋势，为草原保护与生态环境建设工作提供理论依据。

在 1981～2012 年，以呼伦贝尔草原整体 NDVI 平均值最大的 1993 年作为最佳年份，把接近 1981～2012 年 NDVI 平均值的 1987 年作为中等年份，而把年 NDVI 平均值最小的 2004 年作为最差年份，加上与现在最近的 2012 年，对 4 个不同状态年份与 1981～2012 年的潜在参照图层进行退化状态的对比分析，结果见图 5-4 与表 5-4。

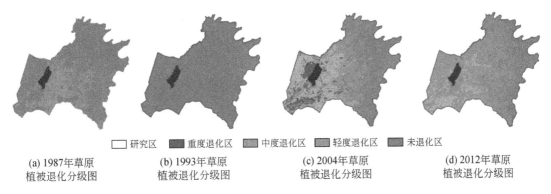

□ 研究区　■ 重度退化区　■ 中度退化区　■ 轻度退化区　■ 未退化区

(a) 1987年草原　　　　(b) 1993年草原　　　　(c) 2004年草原　　　　(d) 2012年草原
植被退化分级图　　　　植被退化分级图　　　　植被退化分级图　　　　植被退化分级图

图5-4　呼伦贝尔草原植被覆盖年际变化情况示意图

表5-4　呼伦贝尔草原不同生长状态下植被退化等级面积及比例

退化等级	1993 年（最佳生长状态）		1987 年（中等生长状态）		2004 年（最差生长状态）		2012 年	
	面积（km²）	比例（%）	面积（km²）	比例（%）	面积（km²）	比例（%）	面积（km²）	比例（%）
未退化区	65 272.03	78.99	51 830.08	62.72	22 413.24	27.12	28 119.49	34.03
轻度退化区	17 317.37	20.96	30 261.47	36.62	30 012.56	36.32	46 302.20	56.03
中度退化区	48.81	0.05	546.66	0.66	19 020.78	23.02	8 214.24	0.94
重度退化区	—	—	—	—	11 191.63	13.54	—	—
总面积	82 638.21	100.00	82 638.21	100.00	82 638.21	100.00	82 638.21	100.00

　　结果表明（表5-4），呼伦贝尔草原在1981～2012 年中植被生长状态最好的1993 年，退化面积占草原总面积的21%左右，基本没有中重度退化现象，以点状退化为主。而在草原植被呈中等生长状态的1987 年，草原退化面积达到整体的37.28%，但也以轻度退化为主，中度退化和重度退化仅占0.66%。但此时轻度退化的草原已经呈现出连片分布，主要集中在呼伦贝尔草原的中南部地区。

　　在植被整体生长状态最差的2004 年，草原退化面积达到72.88%，除36.32%以上的轻度退化（较正常产量下降20%～30%）外，中重度和严重退化（较正常产量分别下降30%～40%和40%以下）的草原面积也达到了36%以上，仅在接近森林区的东部森林草原和新巴尔虎左旗部分地区的未退化草原有成片分布，表现出明显的整体退化局面，特别是新巴尔虎右旗的绝大多数区域均被中度退化和重度退化的草原覆盖。在距离现在最近的2012 年，从整个草原区平均 NDVI 值来看，植被整体生长状态优于2004 年，草原轻度退化面积占有较大比例，但发生中度退化和重度退化的面积较小，在总体上依然表现出从原来的点状退化发展为片状整体退化的趋势。

　　本研究在揭示呼伦贝尔草原植被整体生长状态及草原退化的时间进程和空间格局的同时，有效地解决了以往利用遥感信息开展区域植被分布与变化规律研究中所存在的具体问题。因为在多数研究中，研究者通常利用一定的行政区、自然地理区或某种植被类型分布区的遥感数据平均值，分析植被生长状态的时空变化规律，但这种平均值比较分析方法常会忽略植被生长实际优劣状态的空间与时间方面的规律性信息，而这些信息往往也是非常重要的。例如，在以呼伦贝尔草原作为一个整体（表5-3）分析植被覆盖的退化状态时，与1981～2012年最佳状态相比，21世纪初草原整体退化程度为20.49%，但在以像元为单位进行草原退化的分级比较时，草原的各类退化面积已经达到55%左右，这一数值与现实情况更为贴近。因此，在开展区域植被时空变化规律的研究工作中，充分利用遥感数据构建研究区以像元为单位的植被理想状态下的参照图层可以有效地解决上述问题，并获得更为客观的现实规律。

关于不同植被覆盖状态的某个具体年份的分析表明，单一具体年份的情况与若干年份的平均值所反映的草原退化状况存在显著差异，因此，在利用长时间序列的遥感数据开展区域植被变化的研究工作中，不能采用多年平均值和某个特定年份作为参照体系，因为特定区域的草原植物群落，降水量和围封轮牧等都会造成空间不确定性和年际变化，所以利用1981～2012年每个像元曾经出现的最大值构建相当于"原生对照群落"的潜在参照图层，可以有效地解决这类问题。所做研究对后续开展呼伦贝尔草原碳增汇功能分区及生态修复方面的研究具有明显的基础支持作用，同时可以为开展草原应对气候变化的对策途径等相关研究提供科学依据。

5.1.5 呼伦贝尔草原碳增汇潜力

由上述分析可知，呼伦贝尔草原原生草原碳库总体稳定，但由于当前草原退化严重，有很强的恢复空间。

目前，对固碳的研究大多都集中在对碳密度或碳总量的估算和空间结构分布，关于碳增长潜力的研究比较少，通常是讨论碳潜力与其他因素的响应关系。本研究通过MVC法对1981～2012年研究区最大NDVI值进行图像代数，以期构建模拟出无人为干扰下研究区所能呈现出的植被最好状态，进而作为参考基底与2012年现状进行计算比较。研究区2012年生物固碳量为101.24Tg C，可固碳量为141.25Tg C，该区的碳增长潜力为40.01Tg C，是理想固碳量的28.27%，具有较强的固碳潜力（详见"6 呼伦贝尔草原碳增汇功能区划"部分）。

我国学者已经对内蒙古自治区草地碳储量进行了估算。本研究得到的呼伦贝尔草原2012年总植被碳库固碳量为101.24Tg C，平均碳密度为1190g C/m²，与前人的研究相比有一定的差异（表5-5）。方精云等（2010）、朴世龙等（2010）和马文红等（2006）所估算的内蒙古自治区草地植被平均碳密度分别为314.92g C/m²、268.9g C/m²和386.32g C/m²，本研究平均碳密度是其研究结果的3～4.5倍；同Ni等（2002）估算中国草地植被碳储量所用的平均碳密度（1250g C/m²）差异较小。研究区内大面积为草甸草原，水分条件较好，土壤肥力较强，是全国草量最高的草原之一，总体植被状况较好，所以远大于内蒙古自治区草地植被平均碳密度（340g C/m²），并且由于有较多的多年生草本，地下生物量在总生物量中占比为88.74%，同其他研究调查发现的生物量的85%储存在地下植物根系中相比较高（马文红等，2006）。

表 5-5　不同研究对内蒙古自治区草地面积、植物碳储量的估算

文献来源	面积 （10^6 hm²）	地上碳 （Tg C）	地上碳 比例（%）	地下碳 （Tg C）	地下碳 比例（%）	植被总碳 （Tg C）	平均碳密度 （g C/m²）
方精云等（1996）	87.0	39.4	14.37	234.7	85.63	274.1	315.06
朴世龙等（2004）	70.1	29.3	15.54	159.2	84.46	188.5	268.9
马文红等（2006）	58.5	33.2	14.62	193.9	85.38	227.1	388.2
本研究	8.5	11.40	11.26	89.84	88.74	101.24	1191

　　估算具有一定的不确定性：其一，地下生物量固碳量在生物固碳中占很大比重，尽管地上生物量与地下生物量具有很好的相关性，但通过植被根茎比所计算的地下生物量还是存在不确定性，各研究所采用的根冠比差异很大。其二，本研究对研究区生物量反演模型的构建是将其视为同一草原类型区域进行的。由于每种草原群落类型都有各自更为精确的估算模型，这种模型的单一性也会对生物量的反演造成一定的不确定性。其三，1981～2012 年的时间跨度不是很理想，不能完全代表研究区自身未退化最佳状态下的碳增长潜力值，但是本研究提供了一种思路，这种不理想会造成研究区总的碳增长潜力比真实值小，可是对碳增汇潜力区划影响不大，潜力区的划分是相对的，因此，碳增汇潜力区划对草地资源的科学合理使用、碳库的恢复有科学的指导意义。

　　MVC 法在国际上普遍运用，大都是利用年内不同时间的多期遥感数据合成年际最大 NDVI 值，结合一定的遥感估产技术，通过一定时间序列或不同年份的对比分析，实现在区域尺度对植被覆盖与生物量状况及变化趋势的分析。本研究利用 MVC 法，通过把 1981～2021 年长时间序列的每个像元曾经出现的最大 NDVI 值合成到一个图层，在去除非生长季每个像元基底状况的 NDVI 值后，构建了相当于野外实地调查中选取的未退化对照群落的理想参照图层，将该图层与不同时期的平均状态或某一个具体年份的实际情况作对比分析，就可以有效地揭示植被覆盖状况与未退化最佳状态的差距及变化规律，而且，借助一定的草原遥感估产技术，可以快捷地获得研究区草原植被覆盖度变化及估测一定区域的碳增汇潜力。

　　植被生长状况的植被覆盖度是反映区域气候条件与生物生产力的最直观、最敏感的生态指标。特定区域特定时间段内草原植被覆盖变化可在一定程度上反映草原的牲畜承载能力，反映草原的退化状况与过程。长期以来，国内外许多学者利用遥感技术开展了大量的关于草原退化、草原生产力和草地估产等方面的研究工作，取得了众多的研究成果。但这些研究工作通常是利用不同时期植被覆盖指数 NDVI 的平均值或不同的具体年份的 NDVI 实际值进行对比分析，并最终获得相关的研究结果。在这种分析处理方法中，数据的使用存在一定程度的不确定性，因为在大尺度的研究区域范围内，降水量等气候条件存在明显的年际波动，同一个点（如每个像元）在不同的时期或年份，其气候等环境条件常常存在一定的差别，由此构成的不同期的研究区环境格局也必然不具备空间吻合性，从而影响研究结果的客观性和准确性。利用本研究提出的方法，将每个像元赋值为在几十年时间中曾经出现的最大值，这样相当于为每个像元找到了一个类似在野外实地调查工作中选取的理想状态下的原生对照群落，不同时期、不同年份的数据都与该参照系进行对比分析，同时

保证了每个像元在空间上的一一对应关系，以此提高研究结论的可靠性。

5.2 呼伦贝尔林草交错区樟子松林
群落特征及其碳增汇功能

内蒙古自治区呼伦贝尔沙地樟子松林，是我国北方林草交错区重要的植被类型之一。沙地樟子松天然林主要分布在呼伦贝尔沙地辉河南北岸、红花尔基林业局、伊敏河、海拉尔河沿岸及莫和尔图等区域，并形成一个弓形分布带，其核心分布区位于内蒙古自治区呼伦贝尔草原的沙质地上，特别是固定、半固定沙丘上。沙地樟子松林在该区东南部的红花尔基一带发育最好，分布成片，密度大，已被列为国家级自然保护区和种源基地。

本研究选择呼伦贝尔鄂温克族自治旗东部沙带分布在不同地形与土壤条件下的樟子松林，通过林木调查与地表草本群落分析，揭示不同环境条件下樟子松林的群落特征与发育状况，为林草交错区沙地资源的保护与合理利用，提高生态系统的碳增汇功能提供科学依据。

研究区位于 47°36′N~48°35′N，118°58′E~120°32′E，是呼伦贝尔沙地的南端、大兴安岭西坡中部向内蒙古高原的过渡带。在该研究区内，樟子松林和草原交错分布，形成呼伦贝尔林草交错的森林草原景观。

选取具有代表性和典型性的樟子松林进行研究，主要包括红花尔基林场、辉河林场、头道桥林场和红花尔基樟子松保护区。根据遥感影像，结合当地的地形特征，采用典型取样法设置样地，选取具有代表性的典型区域进行样地调查。乔木层样方为 50m×50m，并在每个样方内，沿样方的对角线上设置 3 个面积大小为 1m×1m 的小样方，调查林下灌木和草本的生长分布状况。调查的内容主要包括植物群落物种组成、群落盖度，以及群落中每个物种的高度和盖度等，分种统计植物盖度、高度、树木胸高直径、生长状况及分布状况等指标，记录项包括乔木的树高、胸高直径、林龄；灌木和草本的高度、盖度、多度、株数；生境因子如经纬度、海拔、坡向、坡度、坡位、土壤类型，并取土样等。

本次调查共设置了 5 个样地，分别为沙地草原、活化沙地樟子松林、火烧迹地樟子松林、坡地樟子松林、红花尔基保护区内樟子松林。沙地樟子松林调查样地环境综合特征见表 5-6。

表 5-6 沙地樟子松林调查样地环境综合特征

样地名称	经纬度	地貌类型	土壤类型	植被特征
沙地草原	119°47′01.28″E 49°09′51.49″N	沙地、丘陵	风沙土	沙地草地，为冰草—小禾草群落，人工栽植的松树幼苗零星分布，草本植物长势较好
活化沙地樟子松林	119°47′23.31″E 48°58′19.79″N	丘陵、活化沙地	风沙土	林下草本很少，沙地表面几近裸露，树木分布不均。树木林龄变化较大，最大林龄约为 38 年
火烧迹地樟子松林	120°11′24.77″E 48°16′38.74″N	山地，为山麓平地	36cm 以上土层为黑沙土，以下为浅色沙土	火烧迹地，树干有火烧痕迹，草本植物生长茂盛。林龄为 30~32 年
坡地樟子松林	120°00′45.63″E 48°15′35.78″N	山地，坡地中上部	固定沙土	土层表面覆有苔藓，草本植物生长稀疏，长势细弱。林龄为 31~33 年

样地名称	经纬度	地貌类型	土壤类型	植被特征
红花尔基保护区内樟子松林	119°56′40.96″E 48°06′54.96″N	山地，为山麓平地	黑沙土	樟子松纯林，樟子松幼苗多，更新良好，草本植物生长茂盛。林龄为36～39年

5.2.1 樟子松林乔木层群落结构

研究区樟子松林群落结构特征见表5-7，树高-胸高直径分布散点图如图5-5所示。

表5-7 沙地樟子松林群落结构特征*

样地	平均树高 (m)	树高范围 (m)	平均胸高直径 (cm)	胸高直径范围 (cm)	平均冠幅 (m)	冠幅范围 (m)	冠幅与树高之比	密度 (株/hm²)	郁闭度
活化沙地樟子松林	8.31	5～14	66.93	9～181	4.14	1～14	1:2	188 (583)	0.26
火烧迹地樟子松林	18.63	8～22	105.56	30～139	6.44	2～10	1:3	164 (241)	0.53
坡地樟子松林	20.57	5～25	88.15	12～156	5.07	1～8	1:4	492 (389)	0.97
红花尔基保护区内樟子松林	27.85	18～33	95.03	37～123	4.76	1～8	1:6	580 (441)	0.98

* 密度栏中括号内的数字为按树冠冠幅测算的林分适宜密度

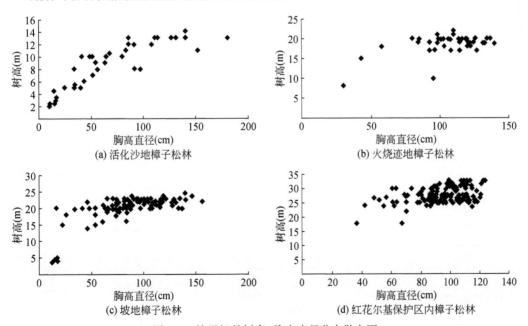

图 5-5 樟子松林树高-胸高直径分布散点图

从表 5-7 与图 5-5 可以看出,不同样地的樟子松林群落,受地理环境和林木密度等条件的影响,其树高、胸高直径及丛幅等各个群落结构指标都表现出显著差异,其中,以活化沙地樟子松林与其他 3 处受到良好保护的林地之间的差距最为明显。活化沙地樟子松林样地位于居民点附近,林下有明显的放牧利用痕迹,沙丘明显活化。受人为干扰与沙地活化的影响,该样地的樟子松林的树高与胸高直径数据分散,但该样地内树木的胸高直径和树高之间存在较好的正相关关系,长势较好,散落分布,说明该样地树木的自我更新良好。

火烧迹地、坡地、红花尔基保护区内 3 个样地是位于山地森林区的沙地樟子松林,由于受到较好保护,树木高生长良好,平均树高均比活化沙地樟子松林的树木高出 2 倍多,尤其以红花尔基保护区内的樟子松林样地树木生长高度最大,高于活化沙地樟子松林样地 4 倍以上。从图 5-5 可看出,这三个样地中的樟子松树木各自的生长高度都相差不大。与树木生长高度不同,三个样地内树木的粗生长变化幅度较大。

树冠形态是刻画森林群落结构特征的另外一个重要指标。从表 5-7 可看出,受立地环境条件和树木密度的影响,几处樟子松林的树冠和外貌表现出巨大差异,其中,受人为活动和火烧影响的活化沙地樟子松林样地和火烧迹地樟子松林样地,林木稀疏,郁闭度较低。在这种生长空间比较开敞的环境下,树木枝条横向伸展充分,自然整枝较低,其中,活化沙地樟子松的伞形树冠既有冠幅为 1~2m 的幼树,也有树冠高达 14m 的高大树木,为几个调查样地树冠之最,但由于树木生长大小不一,平均冠幅仅为 4.14m。但也正是由于树木横向伸展与自然整枝不良,树木的高生长受到显著影响,冠幅与树高之比仅为 1:2。火烧迹地樟子松林除受到一次严重的火烧干扰外,其他时间均受到良好保护,样地内的树木自然整枝与高生长状况良好,由于林木密度较低,树冠的横向伸展也十分明显,样地树木的平均冠幅在四个样地中最大。因此,尽管密度低于活化沙地樟子松林样地,但其郁闭度却是活化沙地樟子松林样地的 2 倍,该样地的树冠与树高的比值为 1:3。坡地樟子松林与红花尔基保护区内樟子松林样地林木生长茂密,树木自然整枝与高生长良好,自然整枝高度多在 10~15m。受密度影响,这两个样地的树冠呈尖塔形,树冠冠幅较小,冠幅与树高之比分别达到 1:4 和 1:6。

5.2.2 林草交错区沙地草原群落与樟子松林林下草本层群落特征

草原区沙地属于一种基质稳定性较差而水分条件相对较好的立地环境类型,在林草交错区沙地上分布的不同植被类型之间及不同林木生长状态的林下草本层,在群落的物种组成、草本植物生长高度、群落盖度和生物量等方面存在显著差异(表 5-8)。

表 5-8 林草交错区沙地草原群落与樟子松林林下草本层群落特征

样地名称	平均高度(cm)	总盖度(%)	生物量(g/m^2)	物种数量(种)
沙地草原	12.40	27.60	110.09	12
活化沙地樟子松林	6.23	7.86	13.17	4
火烧迹地樟子松林	20.33	41.33	52.04	18

样地名称	平均高度（cm）	总盖度（%）	生物量（g/m²）	物种数量（种）
坡地樟子松林	7.66	7.00	9.54	5
红花尔基保护区内樟子松林	17.00	25.00	30.31	12

沙地草原样地在土壤、水分和地貌类型等环境条件方面与活化沙地樟子松林样地相似，群落通常由12种植物组成，草群生长高度为12cm左右，群落的总生物量为110.09g/m²。活化沙地樟子松林受人为活动影响较大，地面沙地活化裸露，林下草本层发育不良，群落盖度仅为7.86%，生物量也只有13.17g/m²，在50m×50m的样地内也只有4种植物。与此相近，坡地樟子松林样地地面裸露程度很高，林下草本层也只有5种植物，其生物量不足10g/m²。与以上几个调查样地相比较，火烧迹地樟子松林样地林木生长较为稀疏，上层土壤肥沃，林间空地光照充足，林下草本层发育良好，草本植物种类数量多达18种，优势植物主要有亚欧唐松草和地榆等，常见的植物主要有柴胡、胡枝子、蓬子菜及防风等。林下草本层总盖度达到41.33%，生物量亦达到52.04g/m²。红花尔基保护区内樟子松林样地林下草本层植物种类数量平均达到12种，主要有大油芒、日阴菅、裂叶蒿、黄芩和黄花菜等，林下草本层总盖度为25.00%。

5.2.3 林草交错区沙地樟子松林碳增汇功能

林草交错区不同的沙地樟子松林群落，由于受人为活动和林木密度等条件的影响，在树高、胸高直径及冠幅等方面表现出显著差异，活化沙地樟子松林与其他3处受到良好保护的林地之间的差距最为明显。由于活化沙地樟子松林受人为干扰与沙地活化的影响，樟子松林的树木生长高度和树木粗细参差不齐，胸高直径和树高数值最小，平均树高明显低于其他3个样地的树木。其他3个样地中的樟子松树木各自的生长高度均匀，树木的粗细生长变化幅度较大。

树冠形态是刻画森林群落结构特征的另外一个重要指标，受林木密度等影响，不同生境下的樟子松林的冠幅与树高之比存在一定差异。活化沙地樟子松林样地和火烧迹地樟子松林样地林木稀疏，空间开敞，树冠呈伞形，横向伸展充分，冠幅与树高之比分别为1∶2和1∶3，其他2个样地林木密度较大，树冠呈尖塔形，冠幅与树高之比较小。

林草交错区的草原群落与沙地樟子松林林下草本层相比较，尽管前者草本植物生物量较高，但其生物多样性和草群盖度却仅与受到良好保护及林地空间开敞的林下草本层持平或明显偏低。因此，根据沙地不同生态系统类型的防风固沙、保持水土功能方面的差异，在水热条件适宜的情况下，要积极建植森林植被，同时也必须做好森林植被的保护，使森林植被的乔木层与林下草本层共同发挥最佳的生态防护作用。

森林生态系统作为陆地生态系统最大的碳库，碳储量约占陆地生物圈地上碳储量的80%和地下碳储量的40%，在适应和减缓全球气候变化方面，森林作为最可靠的碳汇有着不可替代的作用。根据贾炜玮等（2012）的研究，樟子松人工林群落碳储量随林龄的增大而增加，从 27 年生的 37.14 t/hm² 增加至 44 年生的 168.46 t/hm²。同时，樟子松林的碳储量还与林木密度存在密切关系。根据对几个不同样地的调查，活化沙地樟子松林样地的林木密度为 188 棵/hm²，远小于其林分适宜密度 583 棵/hm²，火烧迹地樟子松林样地的林木密度也低于其冠幅条件下的林分适宜密度，其他 2 个样地则略高于其林分适宜密度。4 个调查样地中以红花尔基保护区和坡地的樟子松林的碳储存能力最强。根据对沙地草原与沙地樟子松林的比较分析，沙地草原的草本生物量虽然较高，但与高大的森林生态系统相比较，其生物碳库功能远低于森林。因此，在林草交错区及草原区水分条件较好的沙地环境，要积极加强樟子松林的保护与建植工作，在保护区域生态环境的同时，提高自然生态系统的生态碳增汇功能，以便更好地应对全球气候变化。

5.3　毛乌素沙地多水平/尺度的驱动力变化

本研究选取乌审旗作为研究区，以该地区土地覆盖变化反映沙漠化变化，从局地到区域尺度，探讨多尺度的驱动力与区域沙漠化变化关系这一问题。在分析乌审旗沙漠化时空格局的基础上，利用多水平统计模型识别引起该地区沙漠化变化的主要驱动力。在多水平统计模型中，将该地区的"人–环境"耦合系统分为局地和区域两个水平，本研究假设在一个较长的时期内，降水因素和政策因素在区域水平上影响该地区土地覆盖格局；而在局地水平上，牧户家庭的土地利用活动等因素改变当地的土地覆盖。对乌审旗沙漠化土地退化问题及其多尺度驱动力的研究，将有助于了解半干旱区生态系统碳储量及其增汇潜力，对指导可持续的土地利用和管理具有重要的意义。

5.3.1　土地利用/覆盖时空格局变化

本研究分别选取反映乌审旗土地利用/覆盖变化速度、变化空间形式和变化方向三个土地利用/覆盖变化指标，描述了乌审旗 1977～2012 年土地利用/覆盖类型的变化特征、各地类变化的流向及变化的热点地区，可为进一步的土地利用/覆盖变化及碳库储量变化研究奠定基础。

5.3.1.1　土地利用/覆盖图编制

使用 20 世纪 70 年代末的陆地卫星 MSS 遥感图像（空间分辨率为 90m），20 世纪 80 年代中期、90 年代中后期和 2007 年的陆地卫星 TM 遥感图像（空间分辨率为 30m），以及 2012 年 HJ-1A、HJ-1B 的 CCD1 和 CCD2 数据（空间分辨率为 30m）。遥感图像选择标准为植物生长季。使用 ArcGIS 10.0 软件对遥感图像进行解译，假彩色合成（MSS 4-5-7 波段合成，TM 和 HJ-1A、HJ-1B 4-3-2 波段合成），获得 1977 年、1987 年、1997 年、2007 年和 2012 年五期土地利用/覆盖图。将解译结果与野外调查点（共 211 个）实际情况进行对比，最终确定 11 类反映乌审旗土地利用/覆盖变化，分别为建设用地、耕地、灌丛、林地、水体、湿地、固定沙地、半固定沙地、半流动沙地、流动沙地和盐碱地。解译精度在 90% 以上，解译结果如图 5-6 所示。

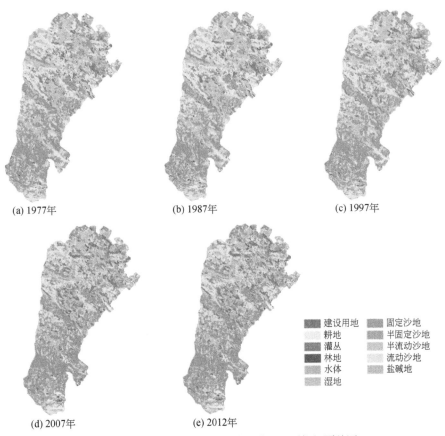

(a) 1977年   (b) 1987年   (c) 1997年

(d) 2007年   (e) 2012年

图 5-6　乌审旗 1977～2012 年五期土地利用/覆盖图

5.3.1.2　土地利用/覆盖变化

乌审旗 1977 年、1987 年、1997 年、2007 年和 2012 年土地利用/覆盖情况见图 5-7 和表 5-9。

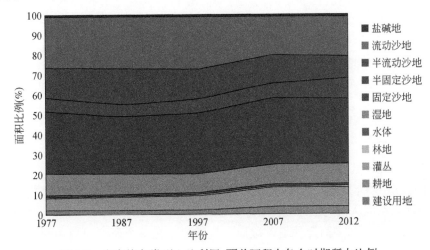

图 5-7　乌审旗各类型土地利用/覆盖面积在各个时期所占比例

表5-9　1977～2012年乌审旗各土地利用/覆盖类型面积表

地类	1977 年		1987 年		1997 年		2007 年		2012 年	
	面积（km²）	比例（%）	面积（km²）	比例（%）	面积（km²）	比例（%）	面积（km²）	比例（%）	面积（km²）	比例（%）
建设用地	3.52	0.03	5.28	0.04	7.88	0.07	22.97	0.20	22.97	0.20
耕地	288.94	2.47	301.77	2.58	257.54	2.21	465.95	3.99	483.36	4.14
灌丛	704.23	6.03	714.76	6.12	846.29	7.25	1114.86	9.55	1111.10	9.51
林地	50.05	0.43	56.92	0.49	61.12	0.52	64.55	0.55	65.62	0.56
水体	132.32	1.13	127.92	1.10	114.24	0.98	121.24	1.04	116.38	1.05
湿地	1235.70	10.58	1257.16	10.76	1092.41	9.35	1148.16	9.83	1160.07	9.93
固定沙地	3651.75	31.27	3287.92	28.15	3535.49	30.27	3859.33	33.04	3815.57	32.67
半固定沙地	776.64	6.65	697.27	5.97	824.05	7.06	859.90	7.36	1187.25	10.17
半流动沙地	1770.85	15.16	2072.59	17.75	1789.44	15.32	1654.75	14.17	1256.62	10.76
流动沙地	2946.60	25.23	3027.69	25.92	3018.29	25.84	2245.51	19.23	2326.31	19.92
盐碱地	118.72	1.02	130.17	1.11	132.63	1.14	122.16	1.05	134.12	1.15

从图5-7和表5-9可以看出，1977～2012年存在一个建设用地扩展的高峰期，从1977年的3.52km²增加至2012年的22.97km²，增加了6倍。耕地面积在1977～1987年少量增加（从288.94km²增加至301.77km²），1987～1997年减少了44.23km²，到2007年增加了近1倍（为465.95km²），至2012年增加至483.36km²。灌丛在乌审旗的东部地区有大面积分布，在整个研究期内其面积比例从1977年的6.03%增加至2012年的9.51%。林地面积比例变化幅度不大，从1977年的50.05km²增加至2012年的65.62km²。水体面积比例从1977年的1.13%减少至2012年的1.00%。湿地面积约占乌审旗总面积的10%，1977～2012年，其面积比例有减少的趋势，从1977年的10.58%下降至2012年的9.93%。固定沙地面积在整个研究区内所占的比例较大（约占1/3），其变化形式为1977～1987年减少，1987～2007年增加，2007～2012年减少。半固定沙地面积1977～1987年减少，1987～2012年增加。半流动沙地面积变化表现为先增加后减少，1977～1987年增加，1997～2012年减少。流动沙地面积占研究区面积较大（约占25.00%），1977～1997年小幅波动，而在1997～2012年减少了5.92%，变化十分明显。盐碱地面积约占研究区面积的1%，且在整个研究时段内变化较平稳。

5.3.1.3　土地利用动态度

（1）乌审旗单一土地利用动态度

单一土地利用动态度可以直观地反映土地利用/覆盖类型变化的幅度与速度（表5-10），各类土地利用动态度从快到慢的变化次序为建设用地、耕地、灌丛、林地、流动沙地和半流动沙地、固定沙地和半固定沙地、湿地、盐碱地。在整个研究时段内建设用地土地利用动态度变化幅度最为明显（553.41%），这与20世纪90年代末乌审旗城镇面积的迅速扩大有关。耕地面积的变化很大，主要变化时段是 1997~2012 年，面积迅速扩大。在整个研究时段内灌丛土地利用动态度呈增加趋势，变化幅度是 57.77%。林地土地利用动态度在整个研究时段内增加了 31.11%。流动沙地和半流动沙地土地利用动态度除 1977~1987 年增加外，1987~2012 年呈减少趋势，但流动沙地土地利用动态度出现了小幅度增加，这可能和局地的土地利用活动加强有关。固定沙地和半固定沙地土地利用动态度在 1977~1987 年分别减少了 9.96% 和 10.22%，在 1977~2007 年两者的动态度分别变化了 5.68% 和 10.72%，2007~2012 年土地利用动态度小幅减少 1.13%。在整个研究时段内，湿地土地利用动态度减少了 6.13%，而盐碱地动态度增加了 12.97%。

表 5-10   乌审旗 1977~2012 年各个研究时段单一土地利用动态度   （单位:%）

土地利用类型	研究时段				
	1977~1987 年	1987~1997 年	1997~2007 年	2007~2012 年	1977~2012 年
建设用地	48.47	50.93	191.58	0.00	553.41
耕地	4.44	−14.66	80.92	3.74	67.29
灌丛	1.50	18.40	31.74	−0.34	57.77
林地	13.73	7.38	5.61	1.66	31.11
水体	−3.33	−10.69	6.12	−4.00	−12.04
湿地	1.73	−13.11	5.10	1.04	−6.13
固定沙地	−9.96	7.53	9.16	−1.13	4.49
半固定沙地	−10.22	18.18	4.35	38.07	52.87
半流动沙地	17.04	−13.66	−7.53	−24.06	−29.04
流动沙地	2.75	−0.31	−25.6	3.60	−21.05
盐碱地	9.65	1.89	−7.90	9.79	12.97

(2) 乌审旗综合土地利用动态度

综合土地利用动态度可以综合反映出各个研究时段内全部的土地利用类型之间的转移程度和剧烈程度（图 5-8 和表 5-11）。从整个研究时段来看，1977~2007 年乌审旗综合土地利用动态度呈现出"加剧"的情况，2007~2012 年变化剧烈程度减缓。1997~2007 年的综合土地利用动态度大于 1987~1997 年、1977~1987 年及 2007~2012 年。从各个研究时段空间变化来看，1977~1987 年，土地利用/覆盖变化缓慢，73.86% 旗域面积的综合土地利用动态度小于 10%，主要"热点"区域发生在乌审旗东部地区和南部的无定河镇等区域 [图 5-8（a）]；1987~1997 年，土地利用/覆盖变化强度增加，其中，49.26% 旗域面积的综合土地利用动态度小于 10%，23.19% 旗域面积的综合土地利用动态度介于 10%~30%，土地利用/覆盖变化的热点区域逐渐变大，主要发生在乌审旗的中部和东北地区 [图 5-8（b）]；1997~2007 年，土地利用/覆盖变化的热点区域扩展到整个旗域范围内，土地利用/覆盖变化剧烈 [图 5-8（c）]，其中，综合土地利用动态度小于 10% 的旗域面积只有 33.28%，29.05% 旗域面积的综合土地利用动态度介于 10%~30%。2007~2012 年，综合土地利用动态度变化缓慢下来，变化的热点区域零星分布于旗域内，仅见土地利用/覆盖变化较为缓和（剧烈区域出现在乌审旗北部区域），变化程度小于1977～1987年［图5-8（d）］，其中，82.83%旗域面积的综合土地利用动态度只有10%，14.45%旗域面积的综合土地利用动态度介于10%～50%，2.72%的旗域面积的综合土地利用动态度大于50%。

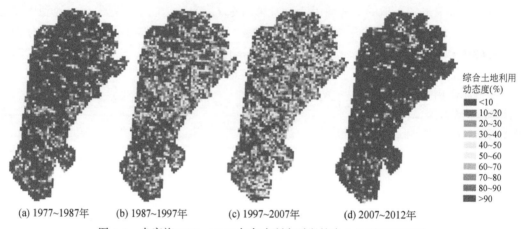

综合土地利用
动态度(%)
- <10
- 10~20
- 20~30
- 30~40
- 40~50
- 50~60
- 60~70
- 70~80
- 80~90
- >90

(a) 1977~1987年　(b) 1987~1997年　(c) 1997~2007年　(d) 2007~2012年

图5-8　乌审旗1977～2012年各个研究时段综合土地利用动态度

表5-11　乌审旗1977～2012年综合土地利用动态度分布　（单位:%）

综合土地利用动态度（%）	研究时段			
	1977～1987年	1987～1997年	1997～2007年	2007～2012年
<10	73.86	49.26	33.28	82.83
10～20	8.01	12.68	16.46	6.89
20～30	5.80	10.51	12.59	3.68
30～40	3.88	7.46	9.67	2.47
40～50	2.69	5.93	8.33	1.41
50～60	1.83	4.58	5.25	1.09
60～70	1.51	3.52	5.06	0.54
70～80	0.74	2.56	4.04	0.45
80～90	0.44	1.47	2.63	0.22
>90	1.24	2.03	2.69	0.42

5.3.2　沙漠化变化的多水平/尺度的驱动因素

以乌审旗土地利用/覆盖变化情况作为反映沙漠化变化的指标，从局地到区域尺度，探讨多尺度的驱动力与区域土地利用/覆盖变化关系这一问题。在分析乌审旗沙漠化时空格局的基础上，利用多水平模型识别引起该地区沙漠化变化的主要驱动力。在多水平模型中，将该地区的"人–环境"耦合系统分为局地和区域两个水平。通过该研究可为乌审旗或类似区域土地有效利用和可持续发展提供政策辅助与决策支持。

5.3.2.1 模型选取及参数确定

多水平模型建立的方法如下，首先，拟合截距模型；其次，依次检查可能影响因变量的宏观和微观解释变量；最后，建立多水平 Logistic 回归模型。通过空模型可以计算组内相关系数（intraclass correlation coefficient，ICC），在空模型的基础上，逐步将高水平解释变量和低水平解释变量纳入模型，根据经验初步估计或者根据模型分析确定哪些低水平解释变量斜率是随机系数，此时的模型称为随机效应模型（或混合模型）；并将解释变量之间的跨水平交互作用引入模型，最后形成混合模型。

本研究采用两层模型结构，即区域水平和局地水平，对应相应的尺度——景观和局地尺度。在整个研究时段内，该地区沙漠化变化情况（水平 1，因变量）受局地水平人类活动因素的影响（水平 1，自变量），而这些因素嵌套在不同地貌类型组中；降水和政策等因素（水平 2，自变量）在区域水平影响该地区沙漠化，即在不同地貌类型中对沙漠化变化的影响速率不同。

前文研究表明，乌审旗沙漠化扩展的趋势在 20 世纪 80 年代中后期得到了抑制和逆转，考虑到当地沙漠化情况和"双权一制"政策实施及"禁牧"政策实施的时间，将整个研究期划分为 3 个不同时段，即 1977~1987 年、1987~1997 年和 1997~2007 年。模型变量描述见表 5-12，因变量为沙漠化扩展和沙漠化逆转图层；自变量为降水量、土地利用、牧业人口密度、牲畜密度、NDVI、市场可达性、"双权一制"政策实施和"禁牧"政策实施图层；地貌图层作为局地水平自变量的组图层，分 6 类，分别是波状高平原、河谷平原、河湖平原、湖沼平原、流动沙地、固定和半固定沙地。

表 5-12　模型变量描述

项目	变量	数据获取时间	变量说明
因变量	沙漠化扩展	1977~1987 年、1987~1997 年、1997~2007 年	虚拟变量，1 发生，0 没有变化
	沙漠化逆转	1977~1987 年、1987~1997 年、1997~2007 年	虚拟变量，1 发生，0 没有变化
自变量	降水量	1977~1987 年、1987~1997 年、1997~2007 年	水平 2 变量，多年降水的平均值
	土地利用	1977 年、1987 年、1997 年	水平 1 变量，遥感图像解译获得
	牧业人口密度	1977 年、1987 年、1997 年	水平 1 变量，统计年鉴
	牲畜密度	1977 年、1987 年、1997 年	水平 1 变量，统计年鉴
	NDVI	1977 年、1987 年、1997 年	水平 1 变量，遥感图像计算获得
	市场可达性	1977 年、1987 年、1997 年	水平 1 变量，成本距离，Cost Path 计算获得
	"双权一制"政策实施	1987 年至今	水平 2 变量，虚拟变量，1 发生，0 没有变化
	"禁牧"政策实施	1997 年至今	水平 2 变量，虚拟变量，1 发生，1 没有变化
组图层	地貌图层	1987 年	组图层，乌审旗地貌图

因变量沙漠化扩展和沙漠化逆转图层的建立。在 ArcGIS 10.0 软件中进行 Intersect 叠加,"固定沙丘→半固定沙丘→流动沙地"变化方向为沙漠化扩展,"流动沙地→半固定沙丘→固定沙丘"变化方向为沙漠化逆转,最后将叠加结果生成沙漠化扩展和沙漠化逆转栅格图层(1 表示沙漠化逆转或扩展,0 表示其他)。

选择降水作为反映气候变化的因素,该变量是区域水平的变量。牧业人口密度和牲畜密度是以乡为边界的统计数据。土地利用为类别变量,分别为耕地、高覆盖度草地、中覆盖度草地、低覆盖度草地和流动沙地、城镇及其他利用类型。NDVI 代表草场质量,用该图层表示研究时段初期局地家庭可能采取的土地利用策略。市场可达性是影响局地家庭土地利用的因素之一,包括到道路和到城镇的距离。政策因素代表区域尺度驱动因素对土地利用/覆盖变化的影响,包括土地权属的变化,即该地区于 1987 年基本完成"双权一制";"禁牧"政策变化,鄂尔多斯市市政府于 2000 年以后在全市实行"禁牧"政策——"牧区每年 1~7 月为休牧期,农区全面禁牧、舍饲养畜"。

将所有数据图层转换成栅格格式(空间分辨率为 90m×90m),随机采样 10% 的栅格。在 SAS 软件中使用多水平统计模型 GLMMIXED 过程拟合,参数估计方法为拉普拉斯函数极大似然估计法(LAPLACE),使用 Wald Z 检验,通过 ROC 曲线判断模型拟合的良好性,ROC 值介于 0.5~1,ROC 值等于 1,模型完全拟合,ROC 值等于 0.5,模型完全随机。

5.3.2.2 沙漠化变化分析

乌审旗沙漠化发生的空间格局如图 5-9 所示。1977~1987 年,该旗沙漠化扩展大幅发生,面积为 801.92km²;并伴随着少量的沙漠化逆转,面积为 227.89km²。1987~1997 年,沙漠化扩展主要发生在中部和东北地区,面积为 887.74km²;沙漠化逆转发生在全旗的大部分地区,面积为 1159.83km²。1997~2007 年,沙漠化逆转在全旗范围内大幅度发生,面积为 2151.08km²;沙漠化扩展小幅度发生,面积为 635.60km²。2007~2012 年,沙漠化仍以逆转为主,面积为 387.63km²,但逆转速度减缓,同期该旗沙漠化扩展面积为 261.37km²。

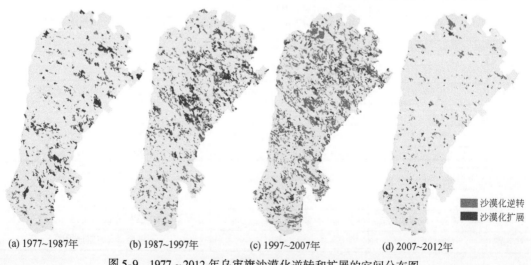

(a) 1977~1987年 (b) 1987~1997年 (c) 1997~2007年 (d) 2007~2012年

图 5-9　1977~2012 年乌审旗沙漠化逆转和扩展的空间分布图

从土地利用/覆盖变化时段上来看，1977～1987 年主要表现为沙漠化扩展；1987～1997 年表现为部分地区的沙漠化逆转与扩展并存；1997～2012 年，乌审旗大部分地区沙漠化逆转，植被开始恢复。

从乌审旗土地利用/覆盖变化空间上来看，1977～1987 年变化速度较为缓和，主要集中在乌审旗北部区域；1987～1997 年变化相对比较剧烈，围绕乌审旗北部区域逐渐扩大；1997～2007 年变化最为剧烈，变化的热点区域几乎遍布整个旗域，至 2007～2012 年变化程度逐渐缓和。从各土地利用/覆盖面积变化的百分比来看，由大到小的顺序为建设用地、耕地、灌丛、林地、流动沙地和半流动沙地、固定沙地和半固定沙地、湿地、盐碱地；从各个土地利用/覆盖类型面积变化来看，固定沙地、半流动沙地、流动沙地、半固定沙地和灌丛的面积变化较大。

5.3.2.3 多尺度驱动力与沙漠化的关系

组内相关系数值的大小表明数据中存在多大程度的组内同质性，值越小则表明低水平解释变量受高水平解释变量的影响越小，若该值为零则意味着没有必要使用多层模型分析数据。从表 5-13 中可以看出，在三个阶段的沙漠化逆转和扩展过程中，组内相关系数值逐渐变小，意味着组间异质性减少，即在区域水平上，降水因素的变化对沙漠化逆转和扩展的影响逐渐降低。

表 5-13   多水平统计模型的组内相关系数

项目	1977～1987 年	1987～1997 年	1997～2007 年	1977～2007 年
沙漠化逆转	0.767	0.520	0.456	0.533
沙漠化扩展	0.614	0.654	0.515	0.559

根据经验和模型初步估计，确定水平 1 自变量 NDVI 和牲畜密度具有随机斜率，其对应变量的效应随着水平 2 采样单位的不同而变化，即将模型中水平 1 随机系数设定为相应水平 2 方程中解释变量的函数，其他水平 1 自变量具有固定效应（其对应变量的效应不随着水平 2 采样单位变化，在水平 2 中是一个常数）。将变量之间的跨水平交互作用引入模型，最终使用两层混合模型拟合沙漠化逆转和沙漠化扩展。

（1）影响沙漠化逆转的因素分析

沙漠化逆转分研究时段多水平统计模型拟合结果见表 5-14。

表 5-14   沙漠化逆转分研究时段多水平统计模型拟合结果

变量	模型 1 1977～1987 年	模型 2 1987～1997 年	模型 3 1997～2007 年	模型 4 1977～2007 年
截距	−24.559	−19.972	−17.578	−21.984
降水量（mm）	0.324[c]	−0.114	−0.075	−0.905
NDVI	−0.015[c]	−0.047[c]	0.117[c]	0.098[a]

续表

变量	模型1	模型2	模型3	模型4
	1977～1987年	1987～1997年	1997～2007年	1977～2007年
牧业人口密度	−0.442[c]	−0.154[c]	−0.190	−0.128[c]
牲畜密度	−0.663[c]	0.142	−0.219[c]	0.195
耕地	−3.069	9.961	6.649	7.309
高覆盖度草地	−2.805	7.578	5.003	5.873
中覆盖度草地	16.322	16.475	15.713	16.118
流动沙地	17.475	17.931	16.988	17.440
城镇	−1.588	1.189	0.264	0.183
其他利用类型	—	—	—	—
市场可达性	−0.335[c]	−0.403[c]	−0.275[c]	−0.352[c]
降水量×NDVI	0.136[c]	0.041[c]	0.116[c]	−0.104
降水量×牲畜密度	−0.011[c]	−0.176	0.118	0.221[a]
"双权一制"政策实施	—	—	—	3.065[c]
"禁牧"政策实施	—	—	—	1.688[b]
ROC	0.949	0.885	0.892	0.924

注：①a，$P<0.05$；b，$P<0.01$；c，$P<0.001$。②模型1～模型3为分研究时段模型，反映不同研究时段除政策因素以外其他因素与该地区沙漠化变化的关系；模型4为政策变量模型，包含政策变量，反映整个研究时段内驱动因素与该地区沙漠化变化的关系

从表5-14中的模型1～模型3可以看出，在整个沙漠化逆转模型中截距不显著。第一阶段（1977～1987年）沙漠化逆转和降水量呈正相关性，但是在第二、第三阶段（1987～2007年）两者相关性不显著，降水量的变化已经和沙漠化逆转的发生不相关，无法解释沙漠化逆转。沙漠化逆转与牧业人口密度呈负相关性，但第三阶段（1997～2007年）已经不显著，表明牧业人口密度的变化无法解释沙漠化逆转。沙漠化逆转与牲畜密度在第一阶段呈负相关性，但是在第二、第三阶段（1987～2007年）相关性不显著。在所有研究时段内土地利用类型与沙漠化逆转的关系都不显著，无法解释沙漠化逆转。市场可达性与沙漠化逆转发生的概率呈负相关性，距道路和城镇越远，沙漠化逆转发生的概率越大，可能与在城镇附近和公路两侧的治沙活动有关。降水量和NDVI的跨水平交互作用与沙漠化逆转呈现正相关性。在引入政策因素的沙漠化逆转模型（表5-14中的模型4）中，沙漠化逆转与牧业人口密度呈负相关性；市场可达性与沙漠化逆转发生的概率呈负相关性；而降水量和牲畜密度的跨水平交互作用与沙漠化逆转的发生概率呈正相关性；"双权一制"政策实施和"禁牧"政策实施与沙漠化逆转呈正相关性，且相关系数较大，说明在沙漠化逆转的过程中两者起了很大的作用。

（2）影响沙漠化扩展的因素分析

沙漠化扩展分研究时段多水平统计模型拟合结果见表5-15。

表 5-15　沙漠化扩展分研究时段多水平统计模型拟合结果

变量	模型 1	模型 2	模型 3	模型 4
	1977～1987 年	1987～1997 年	1997～2007 年	1977～2007 年
截距	−5.376[c]	−4.421[c]	−4.278[c]	−3.841[c]
降水量	−0.042	−0.166	−0.172	−1.125[a]
NDVI	−0.350[c]	−0.091[c]	−0.048[c]	−0.162[c]
牧业人口密度	0.301[c]	−0.309[c]	−0.249[a]	0.055[b]
牲畜密度	0.507[c]	0.250	0.321[a]	0.323[c]
耕地	−0.908[c]	−0.768[c]	−0.765[c]	−0.776[c]
高覆盖度草地	1.198[c]	−0.11	−0.013	0.225[b]
中覆盖度草地	2.053[c]	0.095	0.709[c]	0.811[a]
流动沙地	−0.426[a]	−0.609[c]	−0.658[c]	−0.605[a]
城镇和工矿用地	−9.024	−15.536	−14.389	−12.750
其他利用类型	—	—	—	—
市场可达性	0.038	0.044[c]	0.068[c]	0.017[a]
降水量×NDVI	−0.239[c]	−0.026[c]	−0.077[c]	−0.045[b]
降水量×牲畜密度	0.071[a]	0.004	−0.072	0.102[a]
"双权一制"政策实施	—	—	—	−0.295[b]
"禁牧"政策实施	—	—	—	−2.388[a]
ROC	0.858	0.843	0.795	0.864

注：①a，$P<0.05$；b，$P<0.01$；c，$P<0.001$。②模型 1～模型 3 为分研究时段模型，反映不同研究时段除政策因素以外其他因素与该地区沙漠化变化的关系；模型 4 为政策变量模型，包含政策变量，反映整个研究时段内驱动因素与该地区沙漠化变化的关系

从表 5-15 中的模型 1～模型 3 可以看出，三个研究时段的模型截距显著。沙漠化扩展与降水量呈负相关性。牧业人口密度与沙漠化扩展在第一阶段（1977～1987 年）呈正相关性，但在第二、第三阶段，随着牧业人口密度增加，沙漠化扩展发生概率减少。牲畜密度和沙漠化扩展发生的概率呈正相关，但是第二阶段（1987～1997 年）相关性不显著。耕地和沙漠化扩展呈负相关性，由于耕地主要是在该旗西南有灌溉条件的地方，随着耕地面积的增加，部分沙地转变成农田，这些区域沙漠化的情况有所减轻。高覆盖度草地，可以代表高的放牧利用压力，但也有抑制沙漠化扩展的功能，在第一阶段（1977～1987 年）呈正相关性，第二、第三阶段（1987～2007 年）相关性不显著；中覆盖度草地利用压力高，较高覆盖度草地更易沙漠化，与沙漠化扩展呈正相关性。流动沙地，利用最轻或几乎不利用，与沙漠化扩展呈负相关性。距道路和城镇的距离与沙漠化扩展发生呈正相关性。降水量和 NDVI 的跨水平交互作用与沙漠化扩展呈负相关性，两者综合作用有利于抑制沙漠化扩展。降水量和牲畜密度的跨水平交互作用在第一阶段（1977～1987 年）与沙漠化扩展呈正相关性，但在第二、第三阶段相关性不显著（1987～2007 年）。同样，在引入政策变量的沙漠化扩展模型（表 5-15 中的模型 4）中，沙漠化扩展与降水量呈负相关性；与

牧业人口密度和牲畜密度呈正相关性；与耕地数量呈负相关性；与高覆盖度草地和中覆盖度草地呈正相关性，草地质量越好，土地利用强度越大，沙漠化扩展发生的概率越大；流动沙地利用土地强度小，沙漠化扩展的趋势变小；市场可达性与沙漠化扩展发生的概率呈正相关性，距离城市和公路越近，人类活动强度越大，沙漠化扩展发生的概率越大；在该模型中降水量与 NDVI 的跨水平交互作用与沙漠化扩展呈负相关性，对沙漠化扩展起到抑制作用；而降水量与牲畜密度的跨水平交互作用与沙漠化扩展呈正相关性，两者的交互作用促进了沙漠化扩展；沙漠化扩展与"双权一制"政策和"禁牧"政策的实施都呈负相关性，政策的推行抑制了沙漠化扩展，但"双权一制"政策的影响相对较小。

5.3.2.4 影响沙漠化逆转和扩展因素的综合分析

多水平统计模型分析表明，多尺度的驱动因素可以解释该地区 1977～2007 年的沙漠化变化。在局地尺度上，沙漠化逆转受牧业人口密度、牲畜密度和市场可达性等因素的影响。在区域尺度上，降水量和政策因素对沙漠化变化有影响，其中，政策因素对该旗沙漠化变化有较大的作用，"双权一制"政策对该地区沙漠化逆转产生了较大的影响，"禁牧"政策的实施对沙漠化扩展有较强的抑制作用。

1）人口因素与沙漠化有直接的关系。在整个研究时段内，乌审旗牧业人口数量变化相对平稳，增加不多，高峰期出现在 1991 年。而该地区的城镇人口数量增加幅度很大，从 1979 年的 6692 人增加至 2007 年的 25 873 人。城乡人口结构的变化或者说城市化，可以减轻人类活动对生态系统的压力，一定程度上减轻了沙漠化程度，有利于植被恢复。

2）牲畜数量直接反映了牧户家庭的利用，与沙漠化情况联系紧密，但该地区牲畜数量增加的同时出现了沙漠化逆转。牲畜的组成结构变化是其中原因之一。从饲养数量来看，20 世纪 70 年代到 80 年代初（8.24×10^5 只）、1991～1994 年（7.07×10^5 只）、2002～2007 年（8.46×10^5 只），羊都维持在较高的数量；1986～1990 年（5.39×10^5 只）和 1995～2001 年（5.48×10^5 只），羊的数量相对较低。从饲养结构来看，1971～1981 年山羊数量占很大比例，山羊与绵羊比值大于 1.2:1，自 1982 年后，山羊的比例逐年下降（小于 0.3:1）。原因是山羊对草地的破坏比绵羊严重得多，通过啃食灌木和刨食草根，加剧了草地退化、沙化。可以认为，羊种类组成的变化对沙漠化逆转存在积极作用。此外，放牧方式的变化，特别是"双权一制"政策的推行，传统的自由放牧逐渐成为以家庭牧场为主的划区轮牧等放牧方式。姚爱兴和王培（1993）等认为，当草地状况较差时，轮牧更有利于植被的恢复，韩国栋等（1990）在荒漠草原的研究发现，当地上生物量较低时，划区轮牧更适宜。可见，当该地区草场植被较少时，放牧方式的改变也对当地植被恢复起一定的作用。

3）降水因素对研究时段 1987～2007 年沙漠化逆转解释减弱。从多水平模型结果可以看出，降水因素对该地区沙漠化逆转的解释逐渐减弱，研究时段 1977～1987 年降水量与沙漠化逆转有相关性，但 1987～2007 年两者相关性不显著，因而本研究认为，降水因素对该地区沙漠化逆转的解释减弱，人类活动对沙漠化逆转的解释增强。内蒙古自治区降水量从 1955～2005 年呈现减少趋势，以及在模型分析和这 3 期降水量的变化可以部分解释该地区沙漠化的变化；而 1997～2007 年降水量相对减少，降水量的变化不足以解释沙漠化逆转和沙漠化扩展的变化，认为该阶段人类因素对沙漠化逆转起了较大的作用。

4）政策因素，特别是"双权一制"政策和"禁牧"政策通过对局地土地利用管理措施的影响，对沙漠化逆转和沙漠化扩展的解释能力较强。牧区生产的主体是家庭牧场的经营，随着"双权一制"政策的逐步推行，土地权属发生了变化，结束传统的游牧时代，对牧区的自然、经济和社会产生深远的影响。实行"双权一制"政策之前，牲畜私有、草牧场公有共用，家庭在公有草地放牧不必支付使用费，没有直接动机去保护草地。实行"双权一制"政策后，草场的使用权和经营权分配给家庭，家庭牧场成为草场管理的主体，家庭可以灵活地选择管理策略。虽然该政策的实施会带来一些社会和环境问题，以及在短期内出现草场过度利用行为，这是一种处于弱势地位的牧户家庭，基于生计压力需求下的经济利益从众心理与强大政策的博弈，但长期牧户会自觉地保护草场。

"禁牧"政策的实施对牧户家庭土地利用决策也产生了影响。牧区1～7月禁止放牧，农区全年禁牧，虽然存在偷牧现象，但是禁牧的管理措施实质上减小了总的放牧利用强度，缓解了草场退化趋势，植物的生长初期受到干扰很少，植被得到了一定的恢复。周立华等（2012）通过建立系统动力学模型模拟研究发现，在宁夏回族自治区盐池县当禁牧程度为30%时，沙漠化开始出现逆转。另外，从20世纪80年代中期开始，该地区逐渐推广种植玉米（青贮），每个家庭都会种植几亩①到几十亩不等的玉米（或苜蓿）作为饲草料，牧户逐渐从传统的自由放牧转变成人工草地（玉米）和牲畜结合的放牧方式。这是一种新的土地资源利用方式，减缓了沙漠化扩展，促进了沙漠化逆转。

5.3.3 政策因素对局地土地利用决策的影响及响应

区域水平碳储量的变化和局地水平碳储量的变化与农牧民家庭的土地利用活动有关，局地家庭土地利用活动所造成的碳储量的变化最终反映到区域水平上。通过了解局地家庭土地利用决策的影响因素及其变化机理，可预测区域土地退化及碳库变化趋势。而政策在土地利用/覆盖变化动态中扮演着重要的角色，合理的政策将有效管理和约束局地家庭土地利用方式和行为，因此，研究政策和局地家庭土地利用决策与区域土地退化、区域碳增汇管理措施的实施有十分重要的意义。本研究以乌审旗为研究区，通过对乌审旗农牧民家庭的问卷调查，从局地水平上探究"禁牧"政策对家庭土地利用决策的影响，以及家庭土地利用方式对政策变化的响应。该地区1997年试点实施"禁牧"政策，2000年后开始实行，牧区每年1～7月为休牧期，农区全面禁牧、舍饲养畜。

采用调查问卷的方式在乌审旗进行实地入户调查，以家庭户主或户主的配偶为主要调查对象。问卷主要内容包括农牧户家庭基本信息、人口信息、草场信息、耕地信息，以及被调查者对"禁牧"政策的态度、"禁牧"政策实施前后对环境变化的认知、家庭收入变化的感知和对"禁牧"政策的接受意愿等。调查时间为2010年8月，调查问卷共119份，涉及乌审旗的6个镇/苏木、20个村，其中，牧户家庭有80户，农户家庭有39户。被调查者年

---

① 1亩≈666.67m²。

龄介于 28 ~ 83 岁，平均年龄为 53.40 岁。问卷调查的家庭基本信息描述性统计分析见表 5-16。对农牧户家庭分类使用 K-mean 聚类方法，统计分析在 SPSS 19.0 软件中完成。

表 5-16 问卷调查的家庭基本信息描述性统计分析

家庭信息	全部（n=119）				牧户（n=80）				农户（n=39）			
	最大值	最小值	平均值	标准差	最大值	最小值	平均值	标准差	最大值	最小值	平均值	标准差
户主年龄（岁）	83	28	53.40	10.59	83	35	53.59	10.81	77	28	53.02	10.27
人口总数（人）	7	2	3.94	1.19	7	2	4.00	1.06	7	2	3.83	1.41
务农人数（人）	5	0	2.38	0.95	5	0	2.48	1.02	4	0	2.17	0.77
上学人数（人）	2	0	0.66	0.70	2	0	0.75	0.71	2	0	0.49	0.68
工作人数（人）	4	0	0.89	1.08	4	0	0.77	1.02	4	0	1.12	1.14
土地面积（hm²）	7800	7	1334.24	1597.96	7800	11	1994.04	1612.56	600	7	62.93	97.31
耕地面积（hm²）	300	0	43.84	43.64	300	0	45.89	51.39	120	0	39.90	22.22
家畜（羊单位）	570	0	125.50	122.65	570	37	172.90	125.97	110	0	34.17	28.65

5.3.3.1 家庭年龄结构与土地利用决策

聚类结果将牧户分为 3 类（表 5-17）。

类型 1：户主年龄较小（43.94 岁），家庭劳动力充足（3.03 人，年龄介于 16 ~ 45 岁），年龄介于 16 ~ 45 岁成员占家庭人口的大部分，"禁牧"政策实施后土地利用决策为减少牲畜饲养数量（0.82 次）和增加饲草料种植面积（0.26 次）。

类型 2：户主年龄介于类型 1 和类型 3 之间（57.00 岁），家庭劳动力比较充足（3.26 人），家庭成员年龄以 16 ~ 45 岁为主，决策基本与类型 1 相同，但是由于子女教育负担较小（年龄<16 岁，聚类中心为 0.28 人），采取增加饲草料种植面积的决策可能性较高（0.31 次）。

类型 3：户主年龄较大（72.23 岁），家庭劳动力不足（2.08 人），土地利用策略为减少牲畜饲养数量。

农户类型也分为 3 类（表 5-17）。

类型 1：家庭以年轻人为主（32.00 岁），有年幼的子女需要抚养（1.00 人），因此，土地利用决策以增加舍饲比重（0.67 次）和提高出栏率（0.33 次）为主。

类型 2：户主处于中年（47.22 岁），家庭劳动力充足（3.94 人），在"禁牧"政策实施后倾向于选择增加舍饲比重（0.50次）或根据政策减少牲畜饲养数量（0.56次）。

类型3：户主年龄较大（61.50岁），家庭劳动力相对较少（2.45人），主要的土地利用决策为减少劳动力投入和减少牲畜饲养数量（0.56次）或增加舍饲比重（0.50次）。

表5-17 家庭年龄结构与土地利用决策聚类分析

项目		牧户			农户		
		类型1 （n=35）	类型2 （n=32）	类型3 （n=13）	类型1 （n=3）	类型2 （n=18）	类型3 （n=18）
家庭年龄 结构	户主年龄（岁）	43.94	57.00	72.23	32.00	47.22	61.50
	家庭人口总数（人）	4.03	3.94	4.00	3.00	4.28	3.56
	年龄<16岁	0.54	0.28	0.31	1.00	0.11	0.22
	年龄介于16~45岁	2.26	1.88	1.23	2.00	2.44	1.28
	年龄介于45~60岁	0.77	1.38	0.85	0.00	1.50	1.17
	年龄>60岁	0.46	0.41	1.62	0.00	0.22	0.89
"禁牧" 政策实施 后土地 利用决策	增加饲草料种植面积（次）	0.26	0.31	0.15	0.00	0.11	0.00
	增加舍饲比重（次）	0.11	0.13	0.00	0.67	0.50	0.50
	减少牲畜饲养数量（次）	0.82	0.84	0.92	0.33	0.56	0.56
	提高出栏率（次）	0.11	0.06	0.00	0.33	0.28	0.26

5.3.3.2 "禁牧"政策与家庭土地利用决策

表5-18列举了农牧户家庭对"禁牧"政策前后环境变化的感知、对"禁牧"政策目的的理解、"禁牧"政策实施后对家庭收入的影响、对实施"禁牧"政策的意见、对"禁牧"政策的支持程度、"禁牧"政策实施后农牧户土地利用决策与增加经济收入的意愿和方式7个方面的调查结果。

表5-18 农牧户家庭对环境和政策变化看法和响应汇总分析

问卷内容	问题选项	牧户回收 样本数（户）	牧户回收 比例（%）	农户回收 样本数（户）	农户回收 比例（%）
对"禁牧"政策前后环境 变化的感知（单项选择）	变好	57	71.25	38	97.44
	变差	13	16.25	0	0.00
	没有变化	9	11.25	1	2.56
	不清楚	1	1.25	0	0.00
对"禁牧"政策目的的 理解（多项选择）	改善生态环境	77	73.33	38	77.55
	产业结构调整	3	2.85	3	6.12
	提高收入	12	11.42	5	10.20
	不清楚	0	0.00	0	0.00

问卷内容	问题选项	牧户回收样本数（户）	牧户回收比例（%）	农户回收样本数（户）	农户回收比例（%）
"禁牧"政策实施后对家庭收入的影响（单项选择）	增加很多	9	11.25	1	2.56
	增加不多	10	12.50	9	23.08
	持平	27	33.75	13	33.33
	减少不多	13	16.25	13	33.33
	减少很多	21	26.25	3	7.69
对实施"禁牧"政策的意见（单项选择）	意见很大	1	1.25	0	0.00
	意见不大	67	83.75	15	38.46
	没有意见	12	15.00	24	61.53
对"禁牧"政策的支持程度（单项选择）	完全支持	3	3.75	14	35.90
	部分支持	53	66.25	24	61.54
	不支持	24	30.00	1	2.56
	不清楚	0	0.00	0	0.00
"禁牧"政策实施后农牧户土地利用决策（多项选择）	增加饲草料种植面积	21	19.62	2	3.77
	增加舍饲比重	8	7.47	20	37.73
	减少牲畜饲养数量	72	67.28	21	39.62
	提高出栏率	6	5.60	10	18.86
增加经济收入的意愿和方式（多项选择）	改变种植结构，种植经济作物	2	1.68	25	34.72
	发展家禽养殖业	0	0.00	1	1.38
	扩大种植面积	32	26.89	16	22.22
	外出打工	22	18.48	14	19.44
	多饲养牲畜	24	20.16	15	20.83
	办草原旅游项目	13	10.92	1	1.38
	没有措施	18	15.12	0	0.00
	其他	8	6.72	0	0.00

在调查"对'禁牧'政策前后环境变化的感知"问题时，71.25%的牧户认为，实施"禁牧"政策后居住地附近环境变好，沙漠化程度减轻；但也有16.25%的牧户认为，居住地周围的环境变差，干旱是导致环境变差的原因。97.44%的农户认为，实施"禁牧"政策后环境变好。

农牧户"对'禁牧'政策目的的理解"是一个多重选择项。73.33%的牧户家庭认为，政策能改善生态环境；在调查农户时也得到了相似的回答，77.55%的农户认为可以改善生态环境。

针对"'禁牧'政策实施后对家庭收入的影响"，33.75%的牧户认为，"禁牧"政策对收入影响不大，42.50% 的牧户认为收入减少，限制放牧使家庭收入下降，23.75% 的牧户认为，禁牧后收入增加；33.33% 的农户认为，禁牧前后收入持平，23.08% 的农户认为，收入增加但不多，33.33% 的农户认为，收入减少但不多。在调查中，许多农户表示家庭收入主要来自种植业，"禁牧"政策对家庭收入的影响不大。

当问及"对实施'禁牧'政策的意见"时，83.75% 的牧户表示对"禁牧"政策意见不大，认为"政府实施'禁牧'政策对环境很好，但禁牧时间有点长，能提前1个月更好（从6月开始放牧）"；61.53% 的农户赞成"禁牧"政策。当提及"对'禁牧'政策的支持程度"时，66.25% 的牧户家庭表示部分支持"禁牧"政策，而 30.00% 的牧户表示不支持，他们认为自己能管理好草场，不需要政策统一管理。就农户而言，61.54% 的农户对"禁牧"政策表示部分支持，35.90% 的农户表示完全支持禁牧。

农牧民家庭根据对环境的感知，结合对禁牧政策的认知和判断，产生土地利用决策的行为倾向，从而做出具体的土地利用决策。"禁牧"政策实施后，67.28% 的牧户选择了减少牲畜饲养数量，与"禁牧"政策规定的载畜量基本持平，19.62% 的牧户表示增加饲草料种植面积，仅有 7.47% 的牧户表示增加舍饲比重。由于增加饲草料种植面积和增加舍饲比重会增加前期的资金投入，很多家庭无条件进行此项投资；39.62% 的农户选择减少牲畜饲养数量。农区全部是舍饲，"禁牧"政策会增加饲养成本，因此，只有 37.73% 的农户选择增加舍饲比重。在回答"增加经济收入的意愿和方式"问题时，牧户和农户的选择相似，优先选择扩大种植面积（牧区种植饲草料，农区种植作物）、多饲养牲畜和外出打工。不同的是，牧户中有 10.92% 的人选择办"牧人之家"等草原旅游项目，而 15.12% 的人选择没有措施，这些牧户的户主年龄较高——现在年龄比较大了，会维持原状；34.72% 的农户表示改变种植结构，种植经济作物。

通过上述对表 5-18 的分析，可以得出如下结论。

1）在政策作用下，农牧户家庭根据其传统的土地利用方式，采取不同的土地利用决策，对"禁牧"政策支持程度也不同。农牧户家庭传统的土地利用方式不同，在"禁牧"政策实施后所采取的土地利用决策也不同，对"禁牧"政策的支持程度也不同。对牧户来说，由于自然条件的限制，放牧是主要的土地利用方式，畜牧业收入是家庭主要收入来源，对"禁牧"政策的支持程度（70.00%）小于农户。在"禁牧"政策的限制下，多数牧户主要采取2种策略，一是减少饲养牲畜数量（67.28%），二是增加饲草料种植面积（19.62%）。前者很容易实现，但家庭收入会减少，后者需要资金、技术和劳动力的支撑。

对农户家庭来说，耕作是主要的土地利用方式，种植业是主要经济收入来源，放牧仅作为家庭的副业，因此，有 97.44% 的农户支持和部分支持"禁牧"政策。一方面，在"禁牧"政策推行后，农区全年禁止放牧，一些农户家庭减少牲畜饲养数量（39.62%）；另一方面，由于农区秸秆较多，一些农户家庭选择增加舍饲比重（37.73%）。马骅等（2006）对新疆维吾尔自治区策勒县农户"禁牧"政策响应调查时也发现了类似的情况：因为土地利用方式的不同，"禁牧"政策对以农为主的平原农户收入影响较以牧为主的山区农户小，平原农户比山地农户更支持"禁牧"政策。

　　"禁牧"政策直接影响局地牧户的收入，但由于生产技能的不同，在不同地区的牧户对"禁牧"政策的意愿存在差异。本研究在乌审旗调查发现，70%的牧户完全或部分支持禁牧政策，且57.5%的牧户认为，禁牧后家庭收入没有减少；在同一区域的伊金霍洛旗，宋乃平等（2004）调查发现，"赞成和基本赞成禁牧"的农牧户占76.82%。而杨光梅等（2006）在锡林郭勒草原地区调查发现，愿意实行禁牧的牧户占53.0%，不愿意禁牧的牧户占47.0%，支持"禁牧"政策的牧户相对较少。究其原因，农牧结合的土地利用方式是造成该地区牧户对"禁牧"政策的支持程度高于锡林郭勒草原地区的原因之一。乌审旗地处农牧交错带，由于长期的文化交流，牧户家庭拥有放牧和耕作两种生产技能。特别是自20世纪80年代中后期开始，该地区推广种植青贮玉米，牧户除了在天然草地放牧，还种植一定面积的玉米作为牲畜的饲草料。而锡林郭勒草原地区处于纯牧区，牧户在天然草地放牧，缺少种植人工草地的技能和条件，禁牧后需要购买饲草料，使家庭收入下降较多。

　　2）农牧户家庭对"禁牧"政策的适应是一种有限的"主动适应"过程，且"禁牧"政策在该地区植被恢复过程中起了较大的作用。"禁牧"政策是"自上而下"的管理方式，其目的是使农牧户家庭土地利用朝着有利于土地资源合理利用和植被恢复的方向发展。农牧户家庭对"禁牧"政策的适应是一种有限的"主动适应"过程，大部分农牧户家庭维持传统的土地利用方式，少部分农牧户家庭提高农牧业的集约化水平。例如，牧户家庭选择扩大饲草料种植面积（26.89%）和多饲养牲畜（20.16%）等措施；农户家庭则选择根据市场情况改变种植结构（34.72%），或扩大种植面积（22.22%）等措施。此外，部分家庭则借助"禁牧"政策的实施，转变土地利用方式，改变家庭的经济收入结构，或向非农产业转移。例如，一些牧户家庭有开办草原旅游项目（10.92%）和外出打工（18.48%）的意愿，以及农户家庭有外出打工（19.44%）的意愿等。

　　在调查中还发现存在放牧超载或偷牧的现象，这是弱势牧户家庭基于生计压力的经济利益与强大政策的博弈而采取的主动策略。在调查中，部分农牧户认为，"禁牧"政策限制严格，不适合家庭实际情况，认为"草场是自己的，会保护好草场"；一些家庭认为，禁牧补偿机制不够完善，禁牧补贴较少。因此，应实施弹性的"禁牧"政策，而不是"一刀切"式的禁牧模式；对农牧户家庭提供资金支持，提供圈养舍饲相关的技术培训和服务；为了巩固"禁牧"政策的成果，应该尽快制定适宜的生态补偿标准。这将有助于局地家庭"自下而上"地主动适应与政策"自上而下"的管理有效的结合，将有利于该地区植被的进一步恢复。

　　3）以户主年龄为代表的家庭年龄结构对家庭的土地利用决策影响较大，表现为年老家庭的决策趋于保守，而年轻家庭的决策比较大胆。农牧户以家庭为单位做出决策，部分参与市场，表现为有条件的利润最大化，其条件主要受家庭人口和经济因素的影响，以户主年龄为代表的家庭生命周期可以在一定程度上反映出不同阶段的家庭土地利用决策。郭欢欢等（2011）发现，内蒙古自治区准格尔旗农户年龄是影响农户退耕决策的主要因素，年老农户对"禁牧"政策的支持力度大于年轻农户。本研究也体现了家庭生命周期的特点，年轻的家庭处于上升期，家庭决策比较大胆；处于成长期的家庭，家庭支出也大，因此，增加农牧业的投入，增加了对土地的压力；老年的家庭处于下降期，家庭劳动力减少，家庭决策比较保守。

5.4 毛乌素沙地碳增汇潜力

研究表明，毛乌素沙地从 20 世纪 80 年代末沙漠化扩展的趋势得到抑制，植被覆盖状况恢复明显。但是，乌审旗陆地生态系统碳库储量发生了怎样的变化？其陆地生态系统是否存在碳增汇潜力？其主要的增汇途径如何？为此，以毛乌素沙地乌审旗为研究区，在揭示该旗陆地生态系统碳库储量变化特征的基础上，根据当地的特点设定不同土地利用变化情景，对该地区碳增汇潜力进行分析。通过该研究，以期为形成适合该地区的碳增汇调控途径和措施提供科学依据。

5.4.1 土地利用/覆盖变化情景设定

情景预测使用 IDRISI Selva 软件的 CA-Markov 模型，其综合了约束性细胞自动机（constrained cellular automation）及马尔可夫链模型（Markov）的优点，可提高传统细胞自动机模型的模拟精度。根据乌审旗几种主要的植被类型设定变化情景（表 5-19），各情景均以 2012 年为基准年，模拟到 2050 年。

表 5-19　乌审旗土地利用/覆盖变化情景

情景类型	情景描述
情景 1：一切如常情景	以 2007～2012 年的变化概率，模拟变化 8 年的情景
情景 2：政策情景	森林覆盖率达到 26%
情景 3：沙漠化逆转 1	组成半固定、流动沙地植被全部转变为固定沙地植被
情景 4：沙漠化逆转 2	组成半固定、流动沙地植被 50% 面积转变为固定沙地植被
情景 5：沙漠化扩展 1	组成固定、半固定沙地植被全部转变为流动沙地植被
情景 6：沙漠化扩展 2	组成固定、半固定沙地植被 50% 面积转变为流沙地植被
情景 7：低湿地植被面积增加	低湿地植被面积增加 100%
情景 8：低湿地植被面积减少	低湿地植被面积减少 100%，转变为流动沙地植被

注：①乌审旗政府力争在 2020 年将森林覆盖率提高至 26%，森林植被包括人工林群落、臭柏群落，柠条、油蒿群落和沙地柳湾林 4 类。②低湿地植被面积约占乌审旗总面积的 10%

5.4.2 碳增汇潜力分析

不同发展情景下乌审旗各植被类型面积变化和碳库储量分别如图 5-10 和图 5-11 所示。情景 1～情景 4 和情景 7 的乌审旗陆地生态系统有机碳汇都超过 2012 参考年情景，其中，情景 7（低湿地植被面积增加）碳库增量最为显著，其次为情景 3（沙漠化逆转 1，固定沙地面积增加），两者分别较 2012 参考年碳库增加 13.40Tg C 和 6.98Tg C；情景 5 和情景 6 是沙漠化扩展情景，情景 8 是低湿地植被面积减少情景，这 3 个情景相对于 2012 参考年碳库减少量分别为 10.37Tg C、4.98Tg C 和 12.10Tg C。

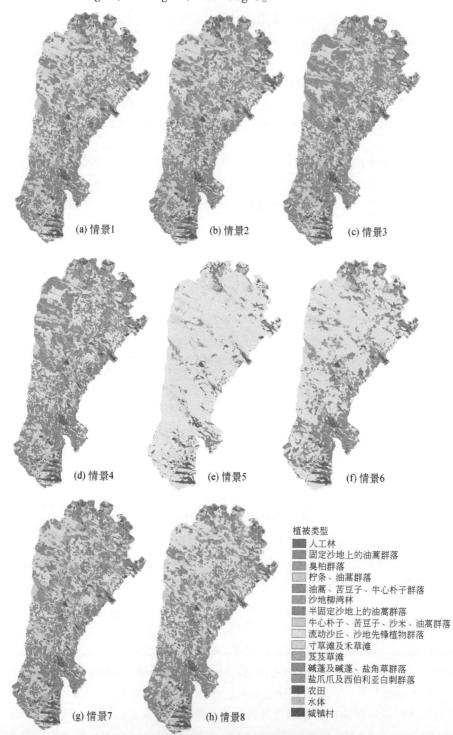

(a) 情景1　　　　　　　(b) 情景2　　　　　　　(c) 情景3

(d) 情景4　　　　　　　(e) 情景5　　　　　　　(f) 情景6

(g) 情景7　　　　　　　(h) 情景8

植被类型
- 人工林
- 固定沙地上的油蒿群落
- 臭柏群落
- 柠条、油蒿群落
- 油蒿、苦豆子、牛心朴子群落
- 沙地柳湾林
- 半固定沙地上的油蒿群落
- 牛心朴子、苦豆子、沙米、油蒿群落
- 流动沙丘、沙地先锋植物群落
- 寸草滩及禾草滩
- 芨芨草滩
- 碱蓬及碱蓬、盐角草群落
- 盐爪爪及西伯利亚白刺群落
- 农田
- 水体
- 城镇村

图 5-10　不同发展情景下乌审旗各植被类型面积变化

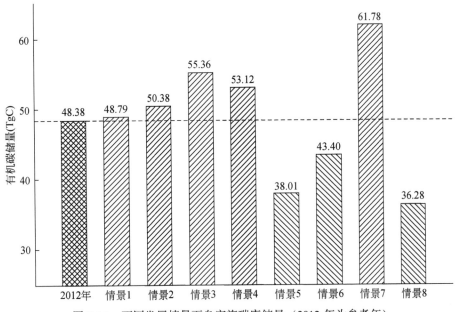

图 5-11　不同发展情景下乌审旗碳库储量（2012 年为参考年）

在情景 1（一切如常情景）中，碳库储量较 2012 参考年增加 0.41Tg C；在情景 2（政策情景）中，乌审旗陆地生态系统碳库储量有了明显的增加，较情景 1 和 2012 参考年分别增加 1.59Tg C 和 2.00Tg C；沙漠化逆转情景（情景 3 和情景 4），碳库储量相对于情景 1 增加 6.57Tg C 和 4.33Tg C，而沙漠化扩展情景（情景 5 和情景 6），碳库储量相对于情景 1 减少 10.78Tg C 和 5.39Tg C；当低湿地植被面积增加 1 倍（情景 7）或全部消失时（情景 8），其碳库储量较情景 1 分别增加 12.99Tg C 和减少 12.51Tg C。

根据研究结果，乌审旗不同植被类型生态系统有机碳储量差异较大，除低湿地和盐生植被的有机碳密度超过或接近 1kg C/m² 、人工林群落有机碳密度较高外（0.62kg C/m²），其他类型的植物群落有机碳密度较低。该旗植被平均有机碳储量为 0.31kg C/m²，略低于我国草地植被单位面积有机碳密度（0.32~0.35kg C/m²），远低于中国陆地生态系统平均有机碳密度（1.47kg C/m²）。风沙土是主要土壤类型（固定沙地的风沙土有机碳储量仅为 3.51~4.86kg C/m²），都低于李克让等（2003）、王绍强和周成虎（1999）得出的中国土壤有机碳储量（7.23~19.10kg C/m²），只有草甸与沼泽植被土壤中有机碳储量在该范围内（13.62kg C/m²）。乌审旗陆地生态系统有机碳平均储量为 4.06kg C/m²，低于全国 8.10~10.83kg C/m² 的平均范围。该旗流动和半固定沙地的面积约占全旗的 50%。若该部分植被恢复，则可以为乌审旗碳库增加 6.98Tg C，表明乌审旗沙地生态系统有一定的碳增汇潜力。

碳计量方法通常还包括模型估算法和 CO_2 通量观测法等。前者包括气候模型、遥感反演模型、光能利用率模型和生态系统过程模型等。与其他的碳计量模型相比，InVEST 碳储与吸收模型具有直接和技术简单等优点，特别适用于拥有多期植被类型（土地利用/覆盖）图形或统计数据的快速碳评估。但其假定每一种植被类型的碳密度基本保持不变，碳储量变化只能随着植被类型（土地覆盖）类型变化。因此，在研究中计算该旗陆地生态系统碳储量存在一定的误差，如可能过高估计一些植被群落土壤有机碳含量。植被覆盖的变化或恢复并不意味着土壤有机质的恢复，如流动沙地固定后其新成土经过40多年才能演变成为倾向于区域性的土壤；而固定沙地向流动沙地演变后，土壤有机碳损失速度较快。在情景分析中，可能高估了情景1~情景4和情景7的碳储量，而低估情景5、情景6和情景8的碳储量。另外，土壤无机碳是土壤碳的重要组成部分，特别在干旱区无机碳约占土壤含碳量的30%。在干旱沙区固沙植被建立后，沙丘表层土壤向地带性的钙积正常干旱土方向演变，随着植被恢复时间延长，土壤无机碳含量不断增加。土壤无机碳在植被演替中的响应相对缓慢，无机碳保持使碳储量长期处于相对稳定的状态。例如，赵洋等（2012）通过研究腾格里沙漠土壤中无机碳密度含量分析发现，天然植被区、各年代固沙区的无机碳含量虽略高于流沙区，但差异不显著。在本研究中由于数据获取的限制没有考虑土壤无机碳在土壤碳库中的地位，低估了陆地生态系统中实际碳储量，因此，在今后的研究中应加强土壤无机碳方面的研究。

6 呼伦贝尔草原碳增汇功能区划

以地面实测数据和连续多年的遥感数据为基础，基于 MVC 法进行模拟构建。利用 1981~2012 年各像元 NDVI 最大值构建碳密度参照图层，结合现状计算研究区碳增汇潜力，据此在区域尺度上探讨碳增汇潜力的功能区划和空间分布。

遥感数据来源见 "5.1 呼伦贝尔草原碳增汇潜力遥感分级评价" 部分。

生物量实测数据是 2012 年 8 月在呼伦贝尔草原布点进行地面采集所获得，将这些样方数据与其所对应的 MODIS 图像上的 NDVI 值回归，建立估产模型（见 "3.2.1 呼伦贝尔草原植被生物量估算" 部分）。

6.1 碳密度参照图层构建

准确估计生物量的动态变化是正确评估草地生态系统碳源汇功能的基础，但是几乎无法获取无人为干扰状态下的植物生物量图层，通常采用间接的方法获得该图层，如建立多年 NDVI 变化趋势，选取最大 NDVI 年份进行反演，但该方法存在不足：①不同时间尺度下趋势变化差异很大；②整体的 NDVI 呈现最高并不代表该时期每个小区域都达到自己的最优值。本研究以 MVC 法为基础，分别对每年植物生长季和植物非生长季进行栅格计算，以 1981~2012 年每个像元在生长季曾经出现的 NDVI 最大值和非生长季的 NDVI 基值的差值代表研究期内该地植被所能达到的最大生物量，将其视为草地自然生长生物量理想状态参照图层（具体见 "5.1 呼伦贝尔草原碳增汇潜力遥感分级评价" 部分）。模型的构建区域只针对草原地区，剔除研究区所包含的林地和水域区域。

然后对构建的理想状态参照图层，应用所建立的 NDVI-生物量模型进行地上生物量反演，并结合不同草地类型地上/地下生物量比值，借助本研究编制的呼伦贝尔市植被类型图，计算出地下生物量，从而绘制出理想状态下总生物量分布图。本研究将生物量转换成碳密度是采用国际通用的系数 0.45（方精云等，2007），再结合相应的土壤碳密度，最后绘制出研究区理想状态下碳密度空间分布图（图 6-1）。

6.2 碳增汇潜力图层构建

碳增汇潜力图层的构建是基于研究区较长时间上相对应空间的植被所表现的生长状态同近期植被状态进行比较，从而反映每个图斑的碳增汇潜力。通过参照状态（未退化最佳状态）图层碳密度分布图（图 6-1）与 2013 年碳密度分布作差值，得到碳增汇潜力空间分布图（图 6-2）。

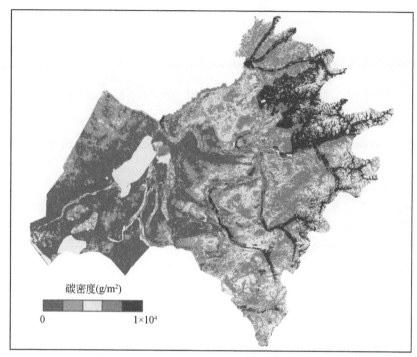

图 6-1　呼伦贝尔草原参照状态（未退化最佳状态）图层碳密度空间分布图

注：图中空白区未包括在研究区域内。下同

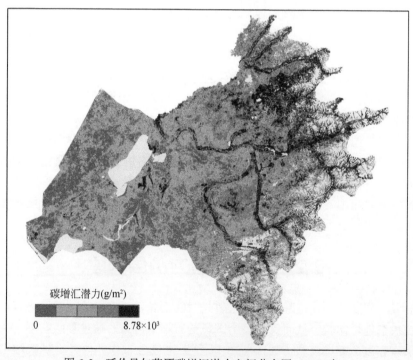

图 6-2　呼伦贝尔草原碳增汇潜力空间分布图（2013 年）

结果表明，研究区的碳增汇潜力分布具有很强的地带性，碳增汇潜力分布自西南向东北增强，在呼伦湖和海拉尔河等湖泊水系附近区域有较强的碳增汇潜力（1500～5500g C/m²）。海拉尔区以西碳增汇潜力增长速率明显增高，在林草交错带达到最大值。

为了说明固碳现状距离可固碳量之间的差距，构建相对碳增汇潜力空间分布图（图6-3），即碳增汇潜力与参照状态（未退化最佳状态）图层碳密度的比值。结果表明，草原的碳增汇潜力普遍很低，但有大面积的强相对碳增汇潜力。林缘地区的相对碳增汇潜力主要为中度，弱度则分布在呼伦湖的西北和东南。

图6-3　呼伦贝尔草原相对碳增汇潜力空间分布图（2013年）

6.3　碳增汇功能区划

在对研究区主要生态系统碳增汇功能进行深入研究的基础上，通过对碳固定能力强弱、碳储量大小和碳增汇潜力高低确定各自的权重，利用研究区碳库功能现状图和碳增汇潜力空间分布图的叠加，进行碳增汇功能区划。

6.3.1　碳增汇功能区划一级区的划分

草原碳增汇功能区划一级区是一个连续而且独立的地域单位，一方面主要反映不同区域草原生态系统的碳固持能力；另一方面，考虑植被的地带性分布规律，即每个一级区主要反映生态系统的固有属性。在自然状态下的碳储量、生态环境特征和高级植被分类单元都与其他一级区存在明显差异。

依据草原植被在未退化最佳状态下的碳储量高低，结合所建立的碳密度空间分布图（图6-1），根据自然裂点法（jenks）分级，将呼伦贝尔草原划分为5个碳密度等级（表6-1）。

表6-1 呼伦贝尔草原在未退化最佳状态下的碳密度分级表

碳密度划分等级	草原低碳密度	草原中碳密度	草甸草原中高碳密度	林草交错区高碳密度	林缘湿地高碳密度
碳密度区间（g C/m²）	0 ~ 513	513 ~ 853	853 ~ 1 268	1 268 ~ 3 925	3 925 ~ 11 221

呼伦贝尔草原的碳密度变化介于 0 ~ 11 221g C/m²，区域整体的平均碳密度为 1775.14g C/m²。按照草原植被在未退化最佳状态下的碳储量高低为依据，利用研究区碳密度现状图与碳增汇潜力空间分布图（图6-2）的叠加，根据自然裂点法分级，遵循区域共轭性原则，呼伦贝尔草原碳增汇功能区划可划分为5个一级区（表6-2、图6-4）。

表6-2 呼伦贝尔草原碳增汇功能区划一级区统计表

碳增汇功能区划一级区	面积（km²）	面积比例（%）	可固碳量（Tg C）	可固碳量比例（%）	平均碳密度（g C/m²）
Ⅰ林缘湿地高碳密度区	10 608.90	10.39	38.26	27.08	5 252.91
Ⅱ林草交错区高碳密度区	34 686.70	33.96	64.05	45.35	2 568.90
Ⅲ草甸草原中高碳密度区	20 899.90	20.46	21.43	15.17	1 051.22
Ⅳ草原中碳密度区	7 447.21	7.29	4.08	2.89	556.12
Ⅴ草原低碳密度区	28 495.50	27.90	13.43	9.51	363.24
合 计	102 138.21	100	141.25	100	1 775.14

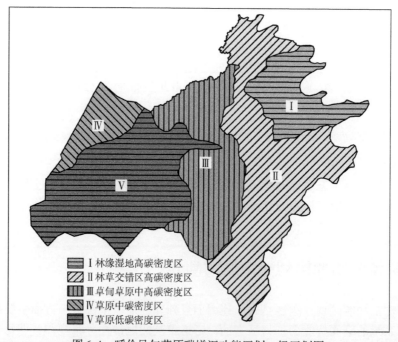

图6-4 呼伦贝尔草原碳增汇功能区划一级区划图

5 个碳增汇功能区划一级区分别为林缘湿地高碳密度区、林草交错区高碳密度区、草甸草原中高碳密度区、草原中碳密度区和草原低碳密度区。研究区总固碳量为 141.25Tg C，碳密度呈现出自西南向东北递增的趋势，且草原区可固碳量（38.94Tg C）远低于林草、林缘区（102.31Tg C）；林缘湿地高碳密度区碳密度最高达到 5252.91g C/m²，而草原低碳密度区碳密度最低仅为 363.24g C/m²。

Ⅰ. 林缘湿地高碳密度区：位于大兴安岭东麓，主要分布在陈巴尔虎旗东部和牙克石市中部，年降水量为 350～400mm，年平均气温为－2～4℃，以灰色森林土和暗黑钙土为主。生态区为呼伦贝尔草甸草原小区，并有桦林草甸小区。土被区为大兴安岭南段灰色森林土、黑钙土土被亚带。地表水区为呼伦贝尔高原东部缓丘台地中等贫水亚区和岭西诸河上游山地丘陵少水亚区，流域年径流深为 30～100mm。

Ⅱ. 林草交错区高碳密度区：本区域纬度跨度最大，位于大兴安岭东麓，主要分布在额尔古纳市、海拉尔区和鄂温克族自治旗东部，在阿巴尔虎旗中部及阿尔山市也有分布，年降水量为 350～450mm，年平均气温为－2～4℃，以黑钙土为主。生态区为呼伦贝尔草甸草原小区。土被区为呼伦贝尔高原黑钙土区。地表水区为呼伦贝尔高原东部缓丘台地中等贫水亚区，流域年径流深为 50～150mm。

Ⅲ. 草甸草原中高碳密度区：位于新巴尔虎左旗南部和陈巴尔虎旗与鄂温克族自治旗的西部，年降水量为 300～350mm，年平均气温为 0～2℃。生态区为呼伦贝尔羊草、大针茅小区。土被区为呼伦贝尔高原暗栗钙土、风沙土、盐渍土、草甸土区。地表水区为呼伦贝尔高原东部缓丘台地中等贫水亚区，流域年径流深变化范围较大，为 25～10mm。

Ⅳ. 草原中碳密度区：位于呼伦湖以西，呼伦镇片区，西部边界与蒙古国相邻，年降水量为 250～300mm，年平均气温为 0～2℃，以暗栗钙土为主。生态区为呼伦贝尔羊草、大针茅小区。土被区为呼伦贝尔高原暗栗钙土、风沙土、盐渍土、草甸土区。地表水区为呼伦湖西高原丘陵中等干涸亚区，流域年径流深小于 10mm。

Ⅴ. 草原低碳密度区：主要位于新巴尔虎右旗南部和新巴尔虎左旗北部，年降水量为 200～300mm，年平均气温为 0℃，以栗钙土为主。生态区为西呼伦贝尔克氏针茅小区，土被区为呼伦贝尔高原西南部栗钙土、风沙土、盐渍土区，东北部分地区属于草甸土区且以暗栗钙土为主。地表水区为西南部属于呼伦湖东高原沙带微干涸亚区，其他部分属于呼伦湖西高原丘陵中等干涸亚区，流域年径流深小于 10mm。

6.3.2 碳增汇功能区划二级区的划分

碳增汇功能区划二级区主要以研究区相对碳增汇潜力为依据，遵循整体综合性、等级层次性和空间分异性原则，重点体现区域固碳特性。

草原碳增汇潜力和人类的活动及气候变化有直接的关系。人类活动的频繁性，致使不同区域或相同区域植被生产力年际变化较大。这就造成了草原管理的不便性，使用遥感传统目视解译手段绘制草地退化专题图等方法相对耗时，且绘制出这些专题地图后，往往草原植被的生长状态又会发生变化，致使这些图件"过时"，与现实草原管理不匹配。如何采用"及时"的方法是草原管理所面临的一个亟须解决的问题。本节提出了相对碳增汇潜力（或称为相对退化）图层的方式，试图解决这一问题。

相对碳增汇潜力（或称为相对退化）图层的构建思想是基于研究区较长时间尺度内某区域植被所表现出的生长状态同近期植被状态进行比较，从而反映其碳增汇潜力空间。通过 2013 年碳密度分布图与 1981～2012 年参照状态图层碳密度分布图作比值，得到相对碳增汇潜力图层，其值范围是 0～1，若值接近于 0 则表明该区域（像素）由于人类活动或气候等偏离历史曾经所达到的状态（植被生长较差），具有较高的碳增汇潜力空间；若值接近于 1，则表明该区域（像素）植被生长状态与历史上最佳值接近，植被生长条件较好，则碳增汇潜力空间不大。并在此图层基础上引入相对退化的概念（相对于历史最佳的植被 NDVI 状态），根据经验将相对退化划分为重度退化（0.0～0.45）、中度退化（0.45～0.70）、轻度退化（0.70～0.875）、未退化（0.875～1.0）。将 2013 年呼伦贝尔草原草地植被地上与地下实际碳储量与 1981～2012 年最好状态下碳储量相比，得到图 6-5，用该图层表征相对碳增汇潜力。

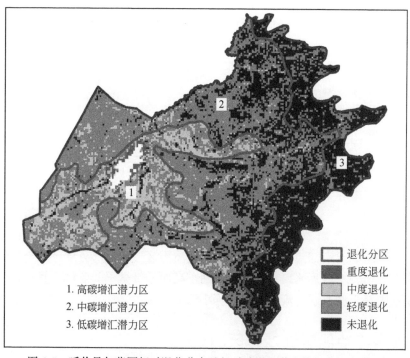

图 6-5　呼伦贝尔草原相对退化分布及相对碳增汇潜力分区（2013 年）

获得草地相对退化分布及相对碳增汇潜力分区图层后（图 6-5），与呼伦贝尔草原碳增汇功能区划一级区划图进行空间叠置操作（图 6-4），得到呼伦贝尔草原碳增汇功能区划二级区划图（图 6-6）。二级区划可划分为 11 个碳增汇潜力等级（表 6-3）。二级区反映了草原受气候变化和人为利用干扰的程度，同时也反映了现实状态下的碳增汇潜力。

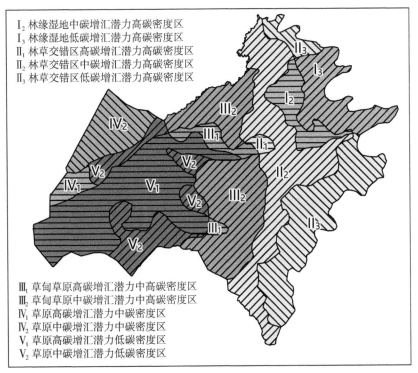

I₂ 林缘湿地中碳增汇潜力高碳密度区
I₃ 林缘湿地低碳增汇潜力高碳密度区
II₁ 林草交错区高碳增汇潜力高碳密度区
II₂ 林草交错区中碳增汇潜力高碳密度区
II₃ 林草交错区低碳增汇潜力高碳密度区

III₁ 草甸草原高碳增汇潜力中高碳密度区
III₂ 草甸草原中碳增汇潜力中高碳密度区
IV₁ 草原高碳增汇潜力中碳密度区
IV₂ 草原中碳增汇潜力中碳密度区
V₁ 草原高碳增汇潜力低碳密度区
V₂ 草原中碳增汇潜力低碳密度区

图 6-6　呼伦贝尔草原碳增汇功能区划二级区划图

注：Ⅰ、Ⅱ、Ⅲ、Ⅳ、Ⅴ分别代表一级区划的5个区；1、2、3分别代表高碳增汇潜力区、中碳增汇潜力区、低碳增汇潜力区

表 6-3　呼伦贝尔草原碳增汇功能区划二级区统计表

类型	代码*	面积（km²）	面积比例（%）	最大固碳量（TgC）	最大固碳量比例（%）	2013年固碳量（TgC）	2013年平均碳增汇潜力空间（%）
林缘湿地中碳增汇潜力高碳密度区	I₂	4 088.35	4.00	18.41	13.03	12.91	29.86
林缘湿地低碳增汇潜力高碳密度区	I₃	7 091.10	6.95	23.04	16.31	18.40	20.16
林草交错区高碳增汇潜力高碳密度区	II₁	647.80	0.63	0.97	0.69	0.00（9×10⁶g）	100.00
林草交错区中碳增汇潜力高碳密度区	II₂	18 340.90	17.96	30.52	21.61	21.36	30.02
林草交错区低碳增汇潜力高碳密度区	II₃	15 127.47	14.81	29.37	20.80	23.87	18.73
草甸草原高碳增汇潜力中高碳密度区	III₁	2 404.87	2.35	2.43	1.72	1.56	35.95
草甸草原中碳增汇潜力中高碳密度区	III₂	17 914.25	17.54	18.72	13.25	12.49	33.27

类型	代码*	面积（km²）	面积比例（%）	最大固碳量（TgC）	最大固碳量比例（%）	2013年固碳量（TgC）	2013年平均碳增汇潜力空间（%）
草原高碳增汇潜力中碳密度区	IV₁	1 646.67	1.61	0.143	0.11	0.14	4.74
草原中碳增汇潜力中碳密度区	IV₂	6 131.23	6.00	3.58	2.54	2.93	18.28
草原高碳增汇潜力低碳密度区	V₁	19 782.40	19.37	9.42	6.67	6.58	30.21
草原中碳增汇潜力低碳密度区	V₂	8 963.16	8.78	4.63	3.28	3.74	19.37
合计	—	102 138.20	100	141.23	100	103.98	—

* I、II、III、IV、V分别代表一级区划的5个区；1、2、3分别代表高碳增汇潜力区、中碳增汇潜力区、低碳增汇潜力区

I₂林缘湿地中碳增汇潜力高碳密度区：该区分布于鄂温克族自治旗苏木片区，南至牙克石市边界，面积为4088.35km²，以暗黑钙土为主要土壤类型。植被类型为羊草、中生杂类草。草场类型为根茎禾草、杂类草草甸草原割草场，兼作放牧场。草地为该区的主要土地利用类型，林缘区碳库容量高，碳增汇潜力较强。

I₃林缘湿地低碳增汇潜力高碳密度区：该区集中分布于该区东北部，面积为7091.10km²，以暗栗钙土和灰色森林土为主要土壤类型，植被类型为白桦、山杨林和线叶菊、禾草、杂草类、羊草、中生杂类草。山地针叶林下地衣、藓类驯鹿放牧地作为主要草场类型。该区已接近大兴安岭林区，乔木所占比例较大。疏林与放牧草地为主要土地利用类型，林缘区碳库容量高，但是碳增汇潜力弱。

II₁林草交错区高碳增汇潜力高碳密度区：该区分布于海拉尔区北部区域，面积为647.80km²，土壤类型以暗栗钙土和潮土为主，植被类型为羊草、丛生禾草草原和禾草、薹草、杂类草盐化草甸和水浇地。根茎禾草、杂类草草甸草原割草场，兼作放牧场与根茎禾草、丛生禾草割草场及放牧场为该区草场类型。该区人为影响最大，植被破坏较重但是具有良好的自然基础，碳库容量较高，碳增汇潜力强。

II₂林草交错区中碳增汇潜力高碳密度区：该区面积比例最大（18 340.90km²），主要分布于大兴安岭西麓林草交错区，西沿省道201和省道202，呈条带状，土壤类型以暗栗钙土和淡黑钙土为主，植被类型为羊草、中生杂类草和羊草、丛生禾草草原。根茎禾草、杂类草草甸草原割草场，兼作放牧场与根茎禾草、丛生禾草割草场及放牧场为该区草场类型。该区所处区域人口密度相对较大，人为活动较为频繁，土地利用类型以兼用草地为主，林缘区碳库容量高，碳增汇潜力为中。

II₃林草交错区低碳增汇潜力高碳密度区：该区分布于呼伦贝尔草原区西南部，大兴安岭林草交错区，包括免渡河镇、伊敏苏木和乌布尔宝力格苏木大部，面积为15 127.47km²，土壤类型以黑钙土和暗灰色森林土为主，植被类型由杂草类、薹草林缘草

甸、线叶菊、禾草、杂草类和白桦林构成。草场类型繁杂交错，种类繁多，放牧草地和兼用草地为主要土地利用类型，林缘区碳库容量较高，碳增汇潜力相对较低。

Ⅲ₁草甸草原高碳增汇潜力中高碳密度区：该区一部分分布于陈巴尔虎旗西部乌珠尔苏木周边、海拉尔河北岸地区，另一部分分布于新巴尔虎左旗乌兰诺尔附近，面积为2404.87km²，土壤类型以风沙土和栗沙土为主。植被类型以大针茅草原、沙地杂木灌丛为主。杂类草、禾草草甸草原放牧场，局部打草场，根茎禾草、杂类草草甸草原割草场，兼作放牧场，少量的丛生禾草放牧场，局部割草三种类型构成该区的草场类型。该区水分条件最好，兼用草地为土地利用类型，碳库容量为中高，碳增汇潜力强。

Ⅲ₂草甸草原中碳增汇潜力中高碳密度区：该区起于北部的海拉尔区至呼和诺尔镇，终于南部203省道，东以伊敏河为界，西至新宝力格苏木，面积为17 914.25km²，土壤类型以栗钙土和暗栗钙土为主，同时有少量潮栗钙土。羊草、丛生禾草草原，大针茅草原和沙地杂木灌丛为该区植被类型，景观破碎化程度较高。根茎禾草、丛生禾草场与放牧场及丛生禾草放牧场、局部割草为主要草场类型。该区主要分布在呼伦湖附近，水分条件相对较好，以兼用草地为主要土地利用类型，碳库容量较高，碳增汇潜力为中等。

Ⅳ₁草原高碳增汇潜力中碳密度区：该区面积较小，分布于陈巴尔虎右旗西部，面积约为1646.67km²，土壤类型以沙质暗栗钙土为主。草场类型为克氏针茅草原放牧场、局部打草场。牧草地为该区的土地利用类型，放牧压力较大，碳库容量为中，碳增汇潜力强。

Ⅳ₂草原中碳增汇潜力中碳密度区：该区分布在新伯鲁克南部，土壤类型以暗栗钙土为主。草场类型以羊草、丛生禾草草原和大针茅草原为主，也包括局部打草场。牧草地为该区的土地利用类型，碳库容量为中，碳增汇潜力相对较强。

Ⅴ₁草原高碳增汇潜力低碳密度区：该区分布于呼伦湖周边区域。土壤类型以栗钙土和暗栗钙土为主。羊草、丛生禾草草原和构成该区的主要植被类型。根茎禾草、丛生禾草割草草场与放牧场和丛生禾草放牧场、局部割草构成该区的草场类型。土地利用类型以干草原放牧草地为主，由于人类放牧活动的影响，该区域碳库容量较低，但碳增汇潜力高。

Ⅴ₂草原中碳增汇潜力低碳密度区：该区分布于贝尔苏木和呼伦湖东部区域，面积为8963.16km²，土壤类型以暗栗钙土和潮栗钙土为主。克氏针茅草原和草原带盐生植被为该区植被类型。克氏针茅放牧场和丛生禾草覆沙地放牧场为草场类型。土地利用类型呈现干草地放牧草地、兼草地和割草地相间的组成方式，碳库容量低，碳增汇潜力强。

综上所述，基于对总植被固碳量估算的基础，对碳增汇潜力进行合理的区划，有助于我国对草地管理进行更加合理的投资。随着时间的推进，固碳能力具有一种累计效应，研究区内的高潜力区固碳潜力可达37.29Tg C。因此，有针对性地采取促进退化草地恢复的行之有效的措施（如围栏封育），有利于增加地上生物量和土壤有机碳的积累，进而对合理规划、科学恢复固碳量有积极的参照作用。

7 基于碳增汇的生态调控模式

7.1 区域尺度碳增汇调控模式

7.1.1 植被覆盖状况动态及其影响因素

呼伦贝尔草原年 NDVI 均值与年降水量均值变化如图 7-1 所示。1981～2012 年，年 NDVI 均值变化总体上均呈下降趋势（斜率为 -0.002），均值为 0.68，最大值为 0.74（1988 年），最小值为 0.56（2001 年）。年 NDVI 均值变化可以分为 2 个阶段：第一阶段为 1981～1999 年，年 NDVI 均值较高（均值为 0.71），除 1992 年外，其他年份年 NDVI 均值均高于 1981～2012 年的年 NDVI 均值，年 NDVI 均值年波动较平缓；第二阶段为 2000～2012 年，波动较大，年 NDVI 均值（0.64）低于第一阶段（1981～1999 年），也低于 1981～2012 年的年 NDVI 均值。

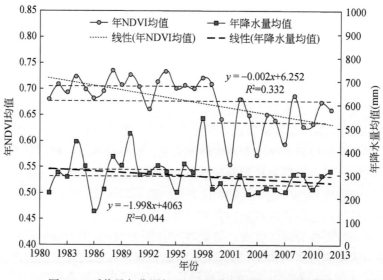

图 7-1　呼伦贝尔草原年 NDVI 均值与年降水量均值变化

同期年降水量均值变化亦呈下降趋势（斜率为 -1.998），1981～2012 年的年降水量均值为 294.90mm。总体来看，该区年 NDVI 均值变化与其年降水量均值变化波动方向基本吻合，但吻合度较差。根据年 NDVI 均值变化情况，年降水量均值变化同样也可以分为 2

个阶段：第一阶段（1981~1999 年）年降水量均值波动较剧烈，大致以 4~5 年为周期波动；第二阶段（2000~2012 年），年降水量均值波动较为平缓，周期性不明显，且该阶段年降水量均值（256.16mm）低于第一阶段（321.41mm）。

通常情况下，NDVI 的变化随着降水量变化而变化，但在该研究中出现反常现象：1981~1999 年降水量变化（变异系数为 29.48%）的程度大于 2000~2012 年（变异系数为 17.08%）。理论上讲，与其所对应的 NDVI 变化程度应该也大于 2000~2012 年，但实际结果是 1981~1999 年的波动程度（变异系数为 2.69%）小于 2000~2012 年的 NDVI 波动程度（变异系数为 6.32%）。呼伦贝尔草原牲畜头数（以标准羊单位计）变化可以解释这种现象（图 7-2），该区除 2000 年和 2006 年出现下降外，牲畜头数从 1987 年的 3.55×10^6 只增加至 2012 年的 7.99×10^6 只，增加了 2.25 倍。因此可以认为，2000~2012 年的人类放牧活动造成了 NDVI 变化与降水变化的不一致（失衡）。

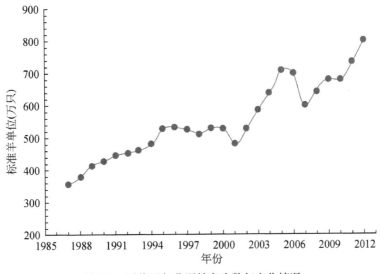

图 7-2　呼伦贝尔草原牲畜头数年变化情况

下面，采用呼伦贝尔草原碳汇功能区划探讨各分区年 NDVI 均值变化与年降水量均值的变化情况。呼伦贝尔草原碳增汇功能区划分为 5 个一级区，即 I 林缘湿地高碳密度区、II 林草交错区高碳密度区、III 草甸草原中高碳密度区、IV 草原中碳密度区和 V 草原低碳密度区，同时加入呼伦贝尔林区作为对比分区（记为 F 林区）（图 7-3）。

从图 7-3 可以看出，I 区、II 区的 NDVI 除 1992 年、2001 年和 2007 年波动下降较明显外，其总体变化趋势为正，变异系数分别为 3.00% 和 2.65%；F 林区的 NDVI 变化趋势与 I 区、II 区相似，且波动较平缓，变异系数为 4.60%。这 3 个分区的变化受降水量波动影响较小。林缘湿地和林草交错区等非地带性植被的生长多受地下水补给的影响，受降水量影响较小；而林区乔木生物量的变化受降水量影响小于草原区，且温度也是该地区的限制因子，受水热条件的综合制约。

呼伦贝尔草原生长季年降水量与生长季年均温度如图 7-4 所示。在 1981~2012 年生长

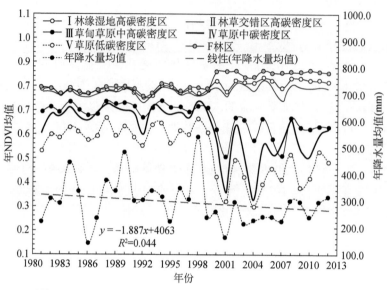

图 7-3　呼伦贝尔草原碳增汇功能区划各一级区年 NDVI 均值与年降水量均值变化

季年均温度呈增长趋势。碳功能区划的Ⅲ区、Ⅳ区和Ⅴ区受年降水量变化影响较大，在
1981～1999 年这 3 个分区的 NDVI 变化较为平缓，但在 2000～2012 年出现较大波动。这 3
个分区在 1981～1999 年的变异系数分别为 2.75%、5.12% 和 5.87%，变化幅度较小；而
在 2000～2012 年变异系数变化较大，分别为 8.94%、18.17% 和 6.51%。可以认为，Ⅰ
区、Ⅱ区和 F 林区年 NDVI 均值的变化受气候因素（降水量）影响较小，而Ⅲ区、Ⅳ区和
Ⅴ区的年 NDVI 均值受气候变化因素（降水量）影响较大。

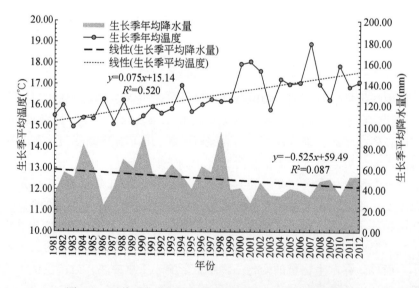

图 7-4　呼伦贝尔草原生长季年降水量与年均温变化情况

若以年代为界进行分析，比较各个碳增汇功能分区 NDVI 年代均值变化情况（图 7-5 和图 7-6），在 I 区、II 区和 F 林区均表现为 21 世纪初（2000～2012 年）的 NDVI 值显著高于 20 世纪 80 年代、90 年代；但是在 III 区、IV 区和 V 区则表现为 21 世纪初（2000～2012 年）的 NDVI 值显著低于 20 世纪 80 年代、90 年代。

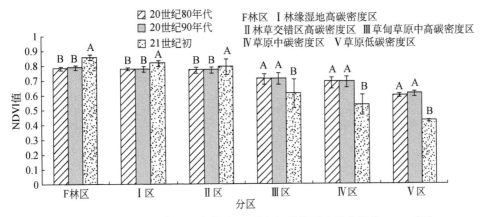

图 7-5　20 世纪 80 年代、90 年代和 21 世纪初碳增汇功能分区的 NDVI 变化

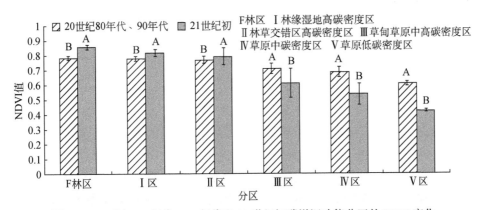

图 7-6　20 世纪 80 年代、90 年代和 21 世纪初碳增汇功能分区的 NDVI 变化

7.1.2　植被有机碳库变化

在 20 世纪 80 年代和 90 年代，碳增汇功能区划中的 5 个一级区总碳量虽然有所波动，但是在整体趋势上基本保持平稳状态，属于碳库维持阶段（图 7-7）。从 2000 年开始，5 个一级区的生物量及相应的碳量出现了显著变化，其中，I 区和 II 区相比，20 世纪 80 年代和 90 年代出现明显的上升趋势，这两个分区基本属于碳增汇的状态；而 III 区、IV 区和 V 区与 20 世纪 80 年代和 90 年代相比，生物量和总碳量都明显下降，属于碳源的状态。从植被角度来看，地上生物量和地下生物量的减少致使大部分碳释放到大气中，特别是 IV 区和 V 区排放强度最大。以碳汇为目标的调控过程中，针对 I 区和 II 区

这些区域，要采取合理的土地利用方式，在维持碳汇水平、不破坏碳库维持能力的同时增加这些地区的碳库储量；而对Ⅲ区、Ⅳ区和Ⅴ区这样固碳能力降低的碳源区域，通过多种调控方式避免气候条件的改变或不良的草地管理等原因导致草原由碳汇转换为碳源状况的不断增强。

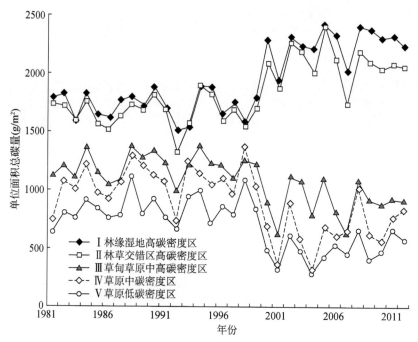

图 7-7　1987～2012 年碳增汇功能分区各一级区的碳密度

　　在草畜基本平衡的 20 世纪 80～90 年代，各分区的 NDVI 值基本保持稳定，受气候波动影响较小（图 7-3）。进入 2000 年后，林区（F）、林缘湿地高碳密度区（Ⅰ）和林草交错区高碳密度区（Ⅱ）NDVI 值均较 20 世纪 80～90 年代有所提高，可以认为是碳汇增加区域；而草甸草原中高碳密度区（Ⅲ）、草原中碳密度区（Ⅳ）和草原低碳密度区（Ⅴ）进入 2000 年后，受自然和人类活动的影响，NDVI 值明显偏离正常值，实际上这些区域已经成为碳失汇区。

7.1.3　不同碳增汇功能区对气候变化的响应

7.1.3.1　呼伦贝尔草原不同碳增汇功能区对气候响应程度变化分析

　　变异系数用来描述数据的离散（或波动）情况，可以用于表示生态系统的稳定性，一般变异系数越低表示系统越稳定，越高则越脆弱。CV≤0.1，为不敏感；0.1<CV≤0.3，为轻度敏感；0.3<CV≤0.6，为重度敏感；CV>0.6，为高度敏感。为此，选择变异系数作为探讨呼伦贝尔草原碳增汇调控模式的指标依据。采用 ArcGIS10.0 软件统计逐年 NDVI 时间序列各碳增汇功能分区的平均 NDVI 值，并进行变异系数计算（图 7-8）。

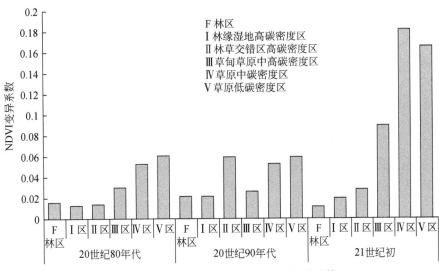

图 7-8　碳增汇功能区一级区 NDVI 变异系数

由图 7-8 可以看出，20 世纪 80 年代和 90 年代各功能区 NDVI 的 CV 值均小于 0.1，为不敏感区域；21 世纪初草原中碳密度区和草原低碳密度区的 CV 值均大于 0.1（分别为 0.181 和 0.165），为轻度敏感区。说明 21 世纪以来草原中碳密度区和草原低碳密度区的植被群落不稳定，受外部因素的干扰较强。从整体看，CV 值较高的碳增汇功能区均是草地（草甸草原中高碳密度区、草原中碳密度区和草原低碳密度区），说明草原比林地敏感，相对脆弱，受人为或者气候的影响较大。

通过比较不同年代的各碳增汇功能分区植被 NDVI 变异系数，可以看出，20 世纪 80 年代和 90 年代的 CV 值随高碳密度区到低碳密度区变化呈增加趋势，在 21 世初的 CV 值比其他年份都大。此外，2000 年以来，草甸草原中高碳密度区、草原中碳密度区和草原低碳密度区的植被变化波动均较大，敏感性较强。比较 3 个碳增汇功能区 NDVI 变异系数，草原中碳密度区的变异系数比其他两个功能区大，说明其植被波动最大，最不稳定。而草原低碳密度区的变异系数低于草原中碳密度区，可能是该区的放牧压力很大已经造成了严重退化，在严重退化草原中植被覆盖度、产草量显著低，波动也不会极明显。

降水量和温度的变化（图 7-4）表明，1981～2012 年降水量总体呈下降趋势，而温度呈增加趋势。2000 年以来降水量显著降低，多年平均降水量低于前 20 年（20 世纪 80 年代和 90 年代）18%～33%；而温度显著增加，比前 20 年平均高 1℃。2000 年以来，高温增加了地面水分的蒸发，且其降水量也相对较低，所以草原受到的干旱胁迫更加严重。同时牧民并没有因气候变化而减小放牧压力（图 7-2），反而显著增加放牧压力，所以造成地上植被显著降低，退化加重，草原生态系统由结构性破坏向功能性紊乱的方向发展。结合年 NDVI 均值变异系数（图 7-8）分析，2000 年以来草原生态系统破坏较为严重，而林区、林缘湿地高碳密度区和林草交错区高碳密度区的变异系数并没有显著增加，这可能是因为这些地区的地下水资源相对丰富，高温和低降水量并没有对该地区造成大的影响，并且2000年以后国家开始实施天然林资源保护工程，对林区的保护起到了很大作用，即林区、林缘湿地和林草交错区的放牧压力相对较小，退化程度不严重，所以这3个功能区的植被相对稳定。

比较各气象因子的变异系数（图7-9），21世纪以来生长季降水量均值和年降水量均值的变异系数均比20世纪80年代和90年代低，但生长季平均温度却相反。80年代和90年代的降水量变异系数都大于0.3，已达到重度敏感，说明在1981~1999年降水量波动较大。但是在这样敏感的降水条件下，80年代和90年代的植被波动依然很小，变异系数都在0.06以下（属不敏感），表明前20年（80年代和90年代）的草地和林地的生态系统相对稳定，植被变化即使在较大波动的气候（降水量）条件下依然很稳定。

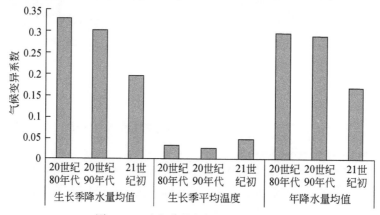

图7-9　3个年代的气候变异系数比较

7.1.3.2　呼伦贝尔草原碳库水平与气候相关性分析

20世纪80年代和90年代呼伦贝尔草原的放牧压力小，植被较为稳定且生产力较高。通过比较年NDVI均值与年降水量，结果表明，在F林区，年降水量与年NDVI均值呈对数关系$y=0.009\ln x+0.734$（x为年降水量，y为当年的NDVI值），当降水量高到一定阈值后，F林区的年NDVI均值开始趋于平缓（图7-10）。在林缘湿地高碳密度区，年降水量与年NDVI均值呈线性关系$y=-0.000\,000\,9x+0.780$（图7-11）。在林草交错区高碳密度区，年降水量与年NDVI均值呈对数关系$y=0.007\ln x+0.729$，当年降水量高到一定阈值后，年NDVI均值开始趋于平缓（图7-12）。在草甸草原中高碳密度区，年降水量与年NDVI均值呈对数关系$y=0.039\ln x+0.484$，当年降水量高到一定阈值后，年NDVI均值开始趋于平缓（图7-13）。在草原中碳密度区，年降水量与年NDVI均值呈对数关系$y=0.065\ln x+0.311$，当年降水量高到一定阈值后，年NDVI均值开始趋于平缓（图7-14）。在草原低碳密度区，年降水量与年NDVI均值呈对数关系$y=0.080\ln x+0.145$，当年降水量高到一定阈值后，年NDVI均值开始趋于平缓（图7-15）。

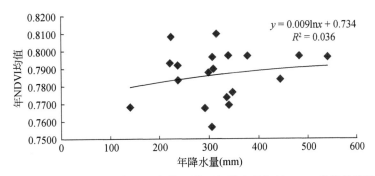

图 7-10　20 世纪 80 年代、90 年代 F 林区年降水量与年 NDVI 均值的关系

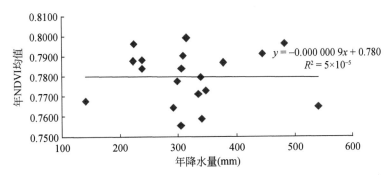

图 7-11　20 世纪 80 年代、90 年代林缘湿地高碳密度区年降水量与年 NDVI 均值的关系

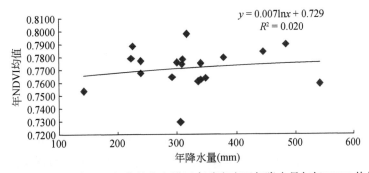

图 7-12　20 世纪 80 年代、90 年代林草交错区高碳密度区年降水量与年 NDVI 均值的关系

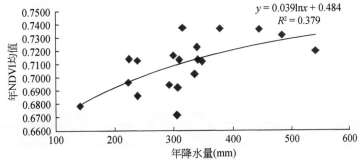

图 7-13　20 世纪 80 年代、90 年代草甸草原中高碳密度区年降水量与年 NDVI 均值的关系

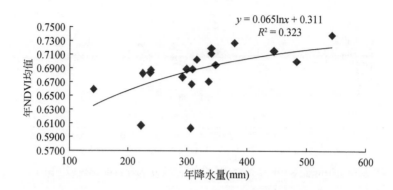

图 7-14　20 世纪 80 年代、90 年代草原中碳密度区年降水量与年 NDVI 均值的关系

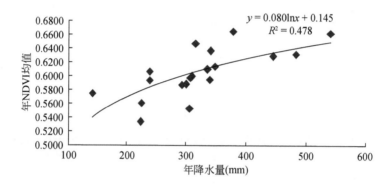

图 7-15　20 世纪 80 年代、90 年代草原低碳密度区年降水量与年 NDVI 均值的关系

　　如果 2000 年以后放牧压力没有增加，维持前 20 年（20 世纪 80 年代和 90 年代）的放牧压力，推测出 21 世纪初 NDVI 值也会与前 20 年（20 世纪 80 年代和 90 年代）一样，随降水量的变化趋势是一样的。按照这样的假设，把 2000 年以后的降水量代入降水量与 NDVI 值的公式中（表 7-1），预测出如果没有过度放牧，21 世纪初的 NDVI 值。结果表明，NDVI 预测值显著高于 NDVI 实测值，表明如果 2000 年以后没有增加放牧压力，植被情况比实际显著增加，草地退化情况也会比实际情况减轻。

表 7-1　2000～2012 年的年均 NDVI 的预测值与实测值

碳增汇功能区	公式	NDVI 预测值	NDVI 实测值
F 林区	$y = 0.009\ln x + 0.734$	0.783 912	0.857 369
Ⅰ林缘湿地高碳密度区	$y = -0.000\,000\,9x + 0.780$	0.779 769	0.818 362
Ⅱ林草交错区高碳密度区	$y = 0.007\ln x + 0.729$	0.767 82	0.791 954
Ⅲ草甸草原中高碳密度区	$y = 0.039\ln x + 0.484$	0.700 285	0.613 015
Ⅳ草原中碳密度区	$y = 0.065\ln x + 0.311$	0.671 475	0.535 431
Ⅴ草原低碳密度区	$y = 0.080\ln x + 0.145$	0.588 661	0.426 185

7.1.4 不同草原利用方式对植被与碳库水平的影响

7.1.4.1 不同退化样地分类标准

分别在草甸草原和典型草原的禁牧区、打草场、单季放牧区（包括暖季放牧和冷季放牧）、全年放牧区选取 36 个样地进行分析（重度退化的 4 个样地已无法确认原建群群落，故单独列出）。通过调查植物建群种生物量状况，如图 7-16 所示的建群种（如羊草、大针茅和贝加尔针茅等）、轻度退化种（如糙黄芪、隐子草、落草和冰草等）、重度退化种（如薹草、冷蒿和星毛委陵菜等）的各样地各植被建群种生物量所占样地总生物量的比例状况，将样地退化程度划分为未退化、轻度退化、中轻度退化及重度退化 4 类，结果见表 7-2。

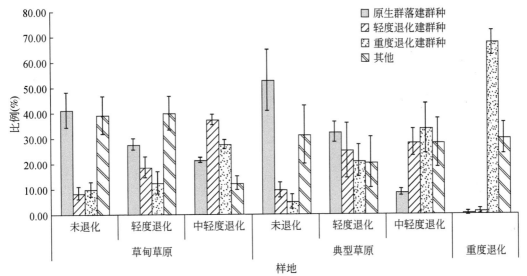

图 7-16 不同退化程度各样地各植被建群种生物量占样地总生物量的比例状况

表 7-2 调查样地基本情况

草原类型	利用方式	样地数量（个）			重度退化
		未退化	轻度退化	中轻度退化	
草甸草原	打草	5	3	1	4
	单季放牧	4	0	0	
	全年放牧	4	3	0	
	禁牧	2	—	—	
典型草原	打草	4	1	1	
	单季放牧	1	0	1	
	全年放牧	0	1	1	

7.1.4.2 不同退化程度下草地植被生物量及根冠比

对 34 个样地（去掉禁牧的 2 个样地）的地上生物量、地下生物量进行统计，计算出根冠比，分别作图和进行单因素方差分析，结果如下。

（1）不同退化程度下草地地上生物量

随着草地退化程度的不同，草地地上生物量有所变化（图 7-17）。从整体的退化程度上看，地上生物量大小均依次为未退化>轻度退化>中轻度退化>重度退化。在两种草原类型中，未退化、轻度退化和中轻度退化 3 种退化程度草地地上生物量并不存在显著差异。对未退化、轻度退化和中轻度退化 3 类草地，草甸草原地上生物量分别为 127.1g/m²、102.0g/m² 和 91.2g/m²，典型草原地上生物量分别为 111.2g/m²、98.8g/m² 和 91.6g/m²。

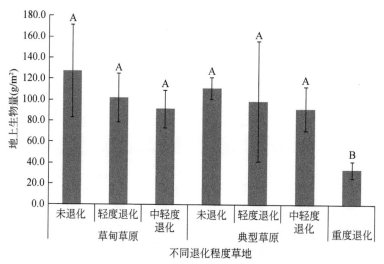

图 7-17　不同退化程度草地地上生物量比较

注：不同字母表示差异显著（$P<0.05$）。下同

一方面，随着草地退化程度的加剧，草甸草原与典型草原的地上生物量呈现逐渐下降趋势，但在不同退化演替阶段各类群生物量变化幅度有所不同。在草甸草原，原生建群种（如贝加尔针茅和羊草等）随着退化程度的增加生物量急剧下降；而次级的优势种（如糙隐子草和日阴菅等）从未退化到中轻度退化的过程中有小幅增长，但从中轻度退化到重度退化阶段开始急剧下降；寸草薹、鹅绒委陵菜、星毛委陵菜、二裂委陵菜和无芒雀麦等具有退化指示的草本生物量在退化的过程中大幅上升，但仍然无法弥补原生群落建群种生物量的损失。典型草原地上生物量状况也出现相同的现象。这一结果与刘伟等（2005）在研究不同程度退化草地地上生物量的分布模式所得出的结果相似。另一方面，随着草地退化演替的进行，群落物种组成逐渐单一，数量逐渐减少。这使得草地的覆盖面积也逐渐减少，地上植被凋落物容易被风力等因素移走，无法进入土壤当中，进而使土壤的有机质含量降低，导致养分逐渐降低，地上植被生长发育不够理想。

（2）不同退化程度下草地地下生物量

随着草地退化程度的不同，草地地下生物量也有所变化（图7-18）。从整体的退化程度上看，地下生物量大小均依次为未退化>轻度退化>中轻度退化>重度退化；在两种草原类型中，未退化、轻度退化和中轻度退化3种退化程度草地地下生物量并不存在显著差异。对未退化、轻度退化和中轻度退化3类草地，草甸草原地下生物量分别为1358.6g/m²、1203.3g/m²和982.3g/m²，典型草原地下生物量分别为1050.8g/m²、1149.5g/m²和1091.9g/m²。

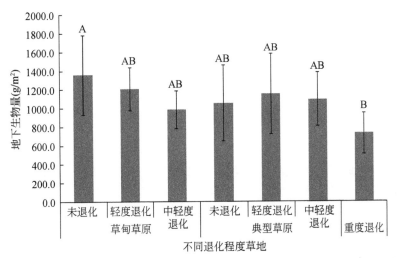

图7-18 不同退化程度草地地下生物量比较

地下生物量在2种类型的草原随退化程度的增加出现了不同的变化趋势。在草甸草原，地下生物量从未退化的1358.6g/m²逐渐下降至中轻度退化的982.3g/m²，随着草地退化程度的加剧，群落植物种类和根系类型配比同时趋于简单化，土壤容重增加，使得根系的数量减少，延展性下降。王长庭等（2012）在研究高寒小嵩草草甸草原退化演替过程中发现，随着退化演替的进行，土壤基质量逐渐减少导致大部分地下根系由于营养供给水平的降低而死亡。而在典型草原，未退化到中轻度退化草地的地下生物量均值呈现先小幅增长后下降的趋势，但是数值都很接近，这可能是由于优势种的更替并没有影响整体地下生物量的变化。

（3）不同退化程度下草地植被根冠比

从整体的退化程度上看，重度退化的根冠比显著高于其他的退化程度类型，达到22.26（图7-19）。在草甸草原，未退化、轻度退化和中轻度退化3类草地的根冠比分别为11.46、12.29和10.76；在典型草原，其根冠比分别为9.49、15.04和12.65。

根冠比，即地下生物量与地上生物量的比值，可以反映出植被的地上−地下生物量的分配情况。随着草地退化演替的进行，地上植被覆盖逐渐下降，太阳对地表的辐射程度日益增强，地表水分蒸发逐渐加大而带动土壤水分流失速度加快，使得地上植被生长受到限制。当到达重度退化阶段，土壤的贫瘠程度大于其他的草地退化阶段，根冠比显著大于其

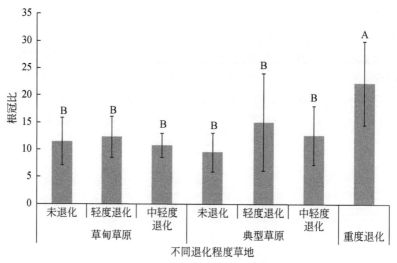

图 7-19　不同退化程度草地的根冠比

他 3 个草地退化类型。在草甸草原和典型草原中，根冠比的变化趋势一致，都呈现出先上升后下降的趋势。地下生物量的变化程度相较地上生物量变化较为缓慢，从未退化到轻度退化阶段，地上生物量下降程度较大，而地下生物量下降程度较小，造成根冠比上升；从轻度退化到中轻度退化阶段，地上生物量继续下降，地下生物量也持续下降，根冠比较上一阶段有所回落。

7.1.4.3　不同草地利用方式对草原生产力和碳库的影响差异

不同草地利用方式对不同草原类型的地上植被碳储量影响存在差异（图 7-20），草甸草原在打草和放牧利用方式下的地上植被碳储量变化差异并不明显，说明草甸草原 2 种草地利用方式对地上植被碳储量影响并不显著；而典型草原在 2 种草地利用方式下地上植被碳储量都有明显下降。重度退化样地中的地上植被碳储量显著低于典型草原打草场和放牧场及草甸草原的打草场和放牧场。所以不同的草地利用方式对典型草原地上植被碳储量影响明显，特别是放牧利用方式对地上植被碳储量影响更大。

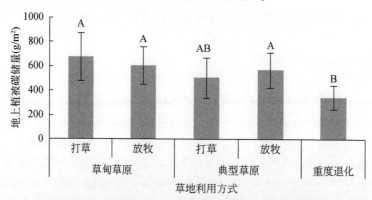

图 7-20　不同草地利用方式下各草地类型植被碳储量

不同草地利用方式对不同草地类型的土壤碳储量的影响也存在差异（图7-21）。草甸草原打草场的土壤碳储量显著高于放牧场，典型草原打草场的土壤碳储量高于放牧场的土壤碳储量，但是没有达到显著差异。不同草地利用方式对草甸草原土壤碳储量影响更为明显；重度退化样地中的土壤碳储量显著低于典型草原和草甸草原的打草场。综合来看，不同的草地利用方式会改变土壤整体的碳储量，而且不论是草甸草原还是典型草原，打草利用方式的草地比放牧利用方式的草地的土壤碳储量高，打草场更有利于土壤碳储量的积累。

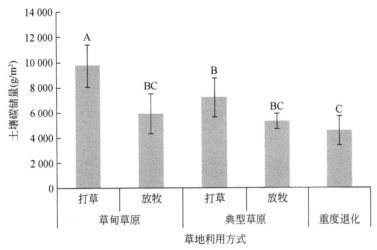

图7-21　不同草地利用方式下各草地类型土壤碳储量

以草甸草原为例，不同草地利用方式对草原生产力和碳库的影响有明显差异（图7-22）。打草利用方式对总生物量和碳储量影响较小，而放牧利用方式相对于禁牧和打草2种草地利用方式来说，总生物量和碳储量都明显降低，特别是冷季放牧和全年放牧利用方式下草地的总生物量及地上植被和土壤的碳储量降低程度更为明显。所以打草利用方式对草场生产力和碳储量影响明显较小，而放牧利用方式对草场生产力和碳库水平影响很大。

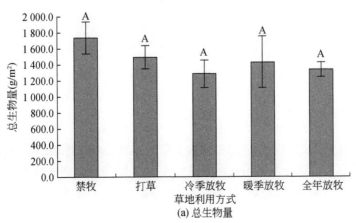

(a) 总生物量

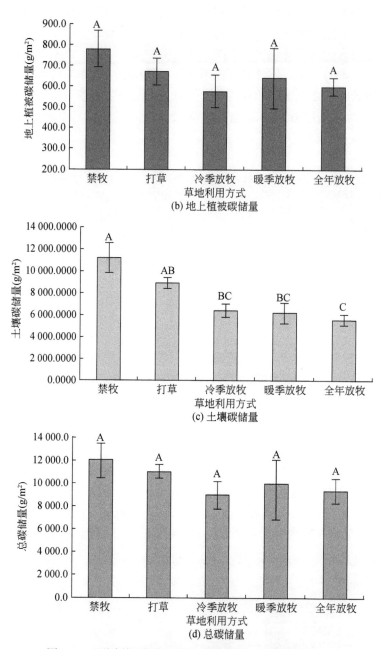

图 7-22　不同利用方式下草甸草原的总生物量及碳储量

　　所以在区域尺度的调控过程中，由于Ⅰ区（林缘湿地高碳密度区）、Ⅱ区（林草交错区高碳密度区）的草量仍有盈余，可以采取对草场生产力和碳库水平影响明显较小的打草利用方式，将Ⅰ区和Ⅱ区的盈草量补给Ⅲ区（草甸草原中高碳密度区）、Ⅳ区（草原中碳密度区）和Ⅴ区（草原低碳密度区）的亏草量，减少这3个分区由于放牧压力对草场生产力和碳库水平的影响。

任何土地利用方式对草地生产力与碳库水平的影响程度都与其利用强度相关。在适度利用情况下，放牧和打草两种主要的草地利用方式对草地生产力和碳库水平的影响并不明显，适度打草可以缓解放牧对草原生态系统的持续性压力，有利于土壤碳库的积累。但是连年打草及过度放牧会造成草地载畜压力过大，无论哪种土地利用方式都会导致草原群落的初级生产力持续下降，草原大面积退化的情况出现。

因此，对不同草地利用方式下植被碳库变化规律的分析有助于确定区域尺度上草原碳增汇的调控模式。

7.1.5 现实利用状态及其草畜平衡关系

7.1.5.1 研究方法

(1) 草地生物量与可食牧草量遥感监测模型

利用 1987～2012 年年 NDVI 均值折算获得的草地生物量的估算值、草地可利用率、牧草可利用率和草地放牧利用率，计算研究区可食牧草产量。计算公式为

$$Y_{ij} = X_{ij} \times K_1 \times K_2 \times K_3 \tag{7-1}$$

式中，X_{ij} 为 i 年 j 区（指碳增汇功能区划的 5 个一级区）草地生物量（kg）；Y_{ij} 为 i 年 j 区草地的总可食牧草产量（kg）；K_1、K_2 和 K_3 分别为草地可利用率、牧草可利用率和草地放牧利用率，本研究中取值分别为 0.65、0.50 和 0.35；$i = 1987$ 年，1988 年，…，2012 年；$j = 1$，2，3，4，5。

(2) 草地理论载畜量计算模型

根据草地的可食牧草产量和家畜采食情况，建立的草地分区理论载畜量计算公式为

$$G_{ija} = \frac{Y_{ij}}{I \times D} \tag{7-2}$$

式中，G_{ija} 为 i 年 j 区草地的理论载畜量（羊单位）；Y_{ij} 为 i 年 j 区草地产量（kg）；I 为研究区草地的日采食量 [kg/（羊单位·d）]；D 为草场的放牧利用天数（d）。研究区草地放牧天数为全年 365 d，根据家畜维持生命和保持一定生产力水平的要求，1 个羊单位的日采食量按 1.8kg 干草计算。

(3) 草地实际载畜量计算模型

通过对呼伦贝尔草原各旗县行政区划图层与碳增汇功能分区图层进行叠加分析，获得每个旗县内各一级区所占面积 A_{jm}。利用《内蒙古统计年鉴》（1987～2012 年）各旗县大牲畜与羊头数数量计算，按大牲畜为 6.0、山羊和绵羊均为 1.0 的系数折算得标准羊单位，通过式（7-3）计算得出每年各一级区的实际载畜量，计算公式为

$$G_{ijb} = \sum_{m=1}^{m} \frac{G_{imb}}{A_m} \times A_{jm} \tag{7-3}$$

式中，G_{ijb} 为 i 年 j 区草地的实际载畜量（羊单位）；G_{imb} 为 i 年 m 旗县的实际载畜量；A_m 为 m 旗的面积；$i = 1987$ 年，1988 年，…，2012 年；$j = 1$，2，3，4，5；m 分别为草原区各

旗县（1-呼伦贝尔市海拉尔区，2-满洲里市，3-额尔古纳市，4-牙克石市，5-陈巴尔虎旗，6-新巴尔虎右旗，7-新巴尔虎左旗，8-根河市，9-鄂伦春自治旗，10-鄂温克族自治旗，11-阿尔山市）。

（4）碳增汇功能区划各一级区超载率计算

在完全放牧条件下（不考虑补饲），放牧草场的草畜平衡监测模型为

$$R_{ij} = \frac{A_{ij} \times G_{ija} - G_{ijb}}{A_{ij} \times G_{ija}} \times 100\% \tag{7-4}$$

式中，R_{ij} 为 i 年 j 区草地的总超欠载率，结果为正时表明草地欠载（即未超载），结果为负时表明草地超载；A_{ij} 为 i 年 j 区草地的可利用面积；G_{ija} 为 i 年 j 区草地的理论载畜量；G_{ijb} 为 i 年 j 区草地的实际载畜量。

7.1.5.2 呼伦贝尔草原载畜量与超载率分析

（1）呼伦贝尔草原整体载畜量与超载率分析

利用式（7-1）对 1987～2012 年各年的草地可食牧草产量进行估算，并代入式（7-2）计算得出草原草地理论载畜量，再根据《内蒙古统计年鉴》（1987～2012 年）提供的各旗县实际载畜量，利用式（7-4）对 1987～2012 年研究区草地超载率进行估算，结果见表 7-3 和图 7-23。

表 7-3　呼伦贝尔草原 1987～2012 年草畜平衡状况

年份	理论载畜量（10⁴ 羊单位）	实际载畜量（10⁴ 羊单位）	超载率（%）
1987	563.7	355.39	37.0
1988	672.4	379.21	43.6
1989	598.1	415.36	30.5
1990	652.7	427.03	34.6
1991	585.2	446.66	23.7
1992	458.7	452.56	1.3
1993	583.8	462.72	20.7
1994	683.7	481.11	29.6
1995	608.4	529.13	13.0
1996	576.9	532.75	7.6
1997	573.2	526.58	8.1
1998	611.7	512.67	16.2
1999	599.0	530.32	11.5
2000	594.7	527.43	11.3
2001	475.7	481.16	-1.1
2002	676.2	527.36	22.0
2003	625.5	588.16	6.0

年份	理论载畜量（10^4 羊单位）	实际载畜量（10^4 羊单位）	超载率（%）
2004	524.3	638.56	−21.8
2005	671.5	710.47	−5.8
2006	598.3	701.6	−17.3
2007	487.0	597.63	−22.7
2008	676.4	643.34	4.9
2009	590.4	678.81	−15.0
2010	580.8	679.98	−17.1
2011	630.7	734.34	−16.4
2012	605.7	798.92	−31.9

注："−"表示超载

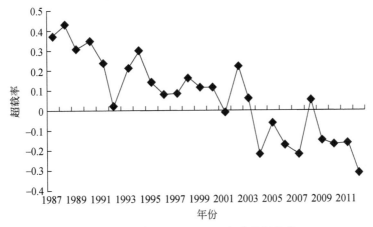

图 7-23　研究区 1987~2012 年草地超载率

注："+"表示未超载，"−"表示超载

1987~2012 年，研究区实际载畜量不断上升，但到 2000 年仍可以保证草畜平衡的状态。在 2000 年之后，实际载畜量超过了理论载畜量，草场出现牧草亏缺，并且亏欠量有逐年上升的趋势，2012 年的超载量甚至达到 31.9% 的程度。

（2）呼伦贝尔草原碳增汇功能分区载畜量与超载率分析

林缘湿地高碳密度区（Ⅰ）和林草交错区高碳密度区（Ⅱ）实际载畜量尚未达到理论载畜量，即草地牧草产量可以满足牲畜需要且有盈余；而草甸草原中高碳密度区（Ⅲ）、草原中碳密度区（Ⅳ）和草原低碳密度区（Ⅴ），20 世纪 90 年代前后的实际载畜量逐渐超过理论载畜量，并且理论载畜量有明显下降的趋势，但实际载畜量却在逐年攀升，随着牧草产量的不断下降，草地牧草产量越来越无法满足现实载畜量的需要，草畜失衡状态日益严重（图 7-24）。

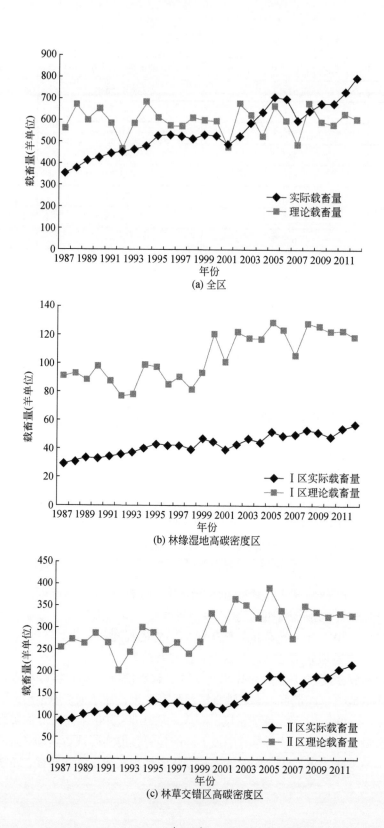

(a) 全区

(b) 林缘湿地高碳密度区

(c) 林草交错区高碳密度区

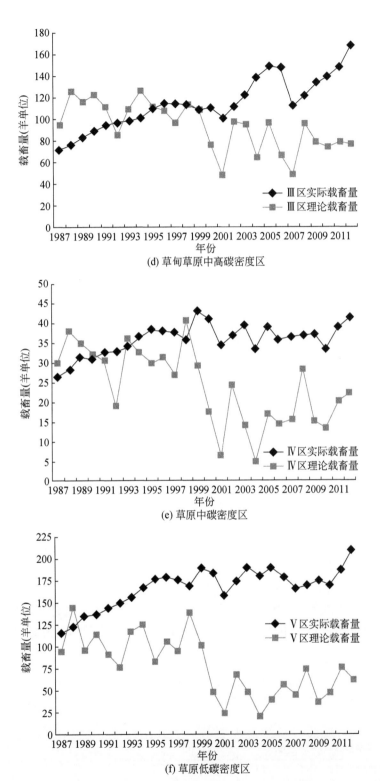

(d) 草甸草原中高碳密度区

(e) 草原中碳密度区

(f) 草原低碳密度区

图 7-24　1987～2012 年呼伦贝尔草原碳增汇功能区划一级区实际载畜量和理论载畜量变化趋势

根据图 7-25 可以明显看出，林缘湿地高碳密度区（Ⅰ）和林草交错区高碳密度区（Ⅱ）保持牧草盈余状态，盈余率保持在 50% 左右；而在草甸草原中高碳密度区（Ⅲ）、草原中碳密度区（Ⅳ）和草原低碳密度区（Ⅴ），20 世纪 90 年代后期出现超载现象，并且超载出现时间 Ⅴ 区早于 Ⅳ 区、Ⅳ 区早于 Ⅲ 区。超载率也同样表现为 Ⅴ 区>Ⅳ 区>Ⅲ 区。从草甸草原中高碳密度区到草原低碳密度区，超载率趋势明显上升，Ⅲ 区在 2007 年出现的最大超载率是 135%，而 Ⅳ 区在 2004 年出现了 580% 的超载率，Ⅴ 区在 2004 年甚至达到了 853% 的超载率。

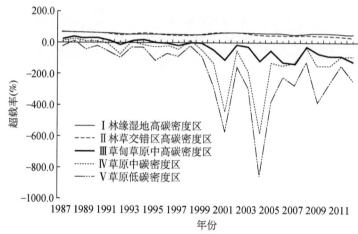

图 7-25　1987～2012 年呼伦贝尔草原碳增汇功能区划一级区超载率变化趋势

7.1.5.3　呼伦贝尔草原草畜平衡状态的区域差异

上述分析表明，面对 21 世纪以来的气候旱化和放牧压力加重的影响，林缘湿地高碳密度区（Ⅰ）和林草交错区高碳密度区（Ⅱ）的植被表现出高度稳定性，生物量不降反升，饲草产量有明显盈余。与此相反，草甸草原中高碳密度区（Ⅲ）、草原中碳密度区（Ⅳ）和草原低碳密度区（Ⅴ）在 2000 年以后对气候旱化高度敏感，波动变化加剧，退化程度加重，饲草产量明显不足，开始出现了严重的超载现象。通过对 2000～2012 年 Ⅰ 区和 Ⅱ 区的平均饲草盈余及 Ⅲ 区、Ⅳ 区和 Ⅴ 区的平均超载状况的统计，结果表明，Ⅰ 区和 Ⅱ 区的平均盈草量约为 14.6 亿 kg，Ⅲ、Ⅳ 区和 Ⅴ 区的平均亏草量为 15.3 亿 kg，后者的超载牲畜头数达 232 万头（表 7-4）。

表 7-4　2000～2012 年碳增汇功能区划一级区平均超载状况

碳增汇功能区	平均欠载率（%）	平均盈草量（kg）	平均超载率（%）	平均亏草量（kg）	平均超载牲畜量（10^8头）
Ⅰ 林缘湿地高碳密度区	59.24	4.34×10^8	—	—	—
Ⅱ 林草交错区高碳密度区	49.77	1.02×10^9	—	—	—
Ⅲ 草甸草原中高碳密度区	—	—	-78.88	3.75×10^8	57.02

碳增汇功能区	平均欠载率 （%）	平均盈草量 （kg）	平均超载率 （%）	平均亏草量 （kg）	平均超载牲畜量 （10^8头）
Ⅳ草原中碳密度区	—	—	−177.72	$1.77×10^8$	26.92
Ⅴ草原低碳密度区	—	—	−321.87	$9.73×10^8$	148.02
总计	—	$1.46×10^9$	—	$1.52×10^9$	231.96

7.1.6 区域尺度上的碳增汇分区调控模式

呼伦贝尔草原在不同时期退化状况的研究结果表明，20世纪80～90年代，草原放牧利用程度适中，草原只出现了9%以下的轻度退化现象，整个草原基本保持良好的原生状态。但进入21世纪后，随着放牧压力的迅速提高，不同生态类型草原的生产力和碳库水平出现了明显的分异变化。根据前面建立的在近于原生状态下的草原生产力与气候之间的回归关系，可以计算出正常状态下不同区域草原的生产力和碳库水平（表7-5），其与2012年实际生产力或碳库水平（表7-6）之间的差值可以用来判断碳增汇功能区划中的哪些区域属于碳汇区，哪些区域属于碳源区。

表7-5 基于近原生状态预测的21世纪初碳增汇功能区划一级区的生物量和碳密度

碳增汇功能区	21世纪初 NDVI预测值	地上生物量 （g/m²）	地下生物量 （g/m²）	总生物量 （g/m²）	碳密度 （g/m²）
Ⅰ林缘湿地高碳密度区	0.779 769	455.209 3	3 343.21	3 798.42	1 709.289
Ⅱ林草交错区高碳密度区	0.767 820	423.634 1	3 136.456	3 560.09	1 602.041
Ⅲ草甸草原中高碳密度区	0.700 285	281.506 5	2 205.805	2 487.311	1 119.29
Ⅳ草原中碳密度区	0.671 475	237.387 2	1 916.911	2 154.298	969.434 3
Ⅴ草原低碳密度区	0.588 661	153.014 6	1 364.44	1 517.454	682.854 3

表7-6 21世纪初碳增汇功能区划一级区的生物量和碳密度的实测值

碳增汇功能区	21世纪初 NDVI实测值	地上生物量 （g/m²）	地下生物量 （g/m²）	总生物量 （g/m²）	碳密度 （g/m²）
Ⅰ林缘湿地高碳密度区	0.818 362	572.134 5	4 108.836	4 680.971	2 106.437
Ⅱ林草交错区高碳密度区	0.791 954	489.600 9	3 568.407	4 058.008	1 826.103
Ⅲ草甸草原中高碳密度区	0.613 015	172.23	1 490.262	1 662.492	748.121 3
Ⅳ草原中碳密度区	0.535 431	122.997 1	1 167.885	1 290.882	580.897 1
Ⅴ草原低碳密度区	0.426 185	87.778 34	937.272 5	1 025.051	461.272 9

具体的计算是利用之前得出的NDVI与生物量及最后的碳密度的运算公式。

1）NDVI-地上生物量关系：$Y_1 = 7571.3x^3 - 10\ 251x^2 + 4906.4x - 727.42$（$x$代表NDVI，

Y_1 代表地上生物量）。

2）地上–地下生物量关系：$Y_2 = 6.548x + 362.5$ （$R^2 = 0.498$）（x 代表地上生物量，Y_2 代表地下生物量）。

3）总生物量 $Y_3 = Y_1 + Y_2$。

4）总植被碳密度 $TC = 0.45Y_3$。

根据最后可增加的碳汇结果看（图7-26和表7-7），草甸草原中高碳密度区的碳密度预测值比实测值高 371.17g/m² （50%），草原中碳密度区的碳密度预测值比实测值高 388.54g/m² （67%），草原低碳密度区的碳密度预测值比实测值高 221.58g/m² （48%）。说明如果能够消除人为过度干扰的影响，降低放牧压力，草原植被状态恢复到20世纪 80～90年代的状态，那么碳密度将比2000～2012年过度放牧的碳密度显著增加。

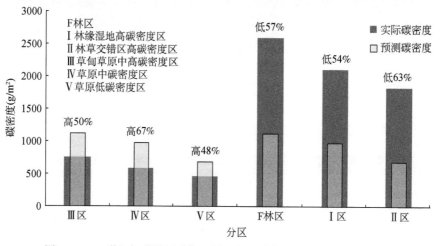

图 7-26　21世纪初碳增汇功能区划一级区碳密度的实测值和预测值

表 7-7　21世纪初碳增汇功能区划一级区划碳密度的实测值和预测值

碳增汇功能区	实际碳密度（g/m²）	预测碳密度（g/m²）	可增加的碳汇（g/m²）
Ⅲ草甸草原中高碳密度区	748.12	1119.29	371.17
Ⅳ草原中碳密度区	580.90	969.43	388.54
Ⅴ草原低碳密度区	461.27	682.85	221.584
F林区	2593.60	1119.29	−1474.31
Ⅰ林缘湿地高碳密度区	2106.44	969.43	−1137.00
Ⅱ林草交错区高碳密度区	1826.10	682.85	−1143.25

比较林缘湿地高碳密度区和林草交错区高碳密度区及作为对照的F林区，发现利用20世纪80～90年代气候–NDVI关系预测的碳密度值比实测值低57%。林缘湿地高碳密度区的预测值比实测值低 1137.01g/m²，为实际值的46%。林草交错区高碳密度区的预测值比实测值低63%，减少了1143.25g/m²。在降水量和土壤水分条件良好的上述3个区域，2000年以后的低降水情况并没有对这些区域的植被产生负面影响，同时这些区域放牧压力

较小，特别是 2000~2012 年研究区温度平均升高 1℃，温度作为我国北方地区植被生长的制约因子之一，温度的升高促进了这 3 个区域的植被发育（图 7-27 和表 7-8），最终导致北方 F 林区及林缘湿地和林草交错区碳密度的显著增加。

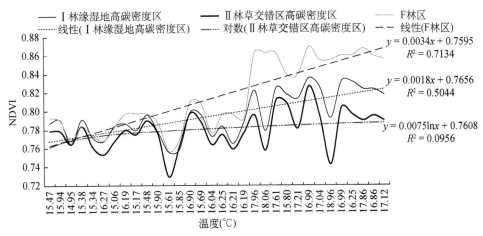

图 7-27　林区和林缘湿地高碳密度区及林草交错区高碳密度区 NDVI 值与生长季温度的关系

表 7-8　2000~2012 年按气候-NDVI 关系模拟的 NDVI 值

年份	F 林区	Ⅰ区	Ⅱ区	Ⅲ区	Ⅳ区	Ⅴ区
2000	0.784 11	0.779 76	0.767 97	0.701 14	0.672 90	0.590 41
2001	0.780 04	0.779 85	0.764 81	0.683 51	0.643 52	0.554 26
2002	0.785 25	0.779 73	0.768 86	0.706 07	0.681 11	0.600 52
2003	0.782 35	0.779 81	0.766 61	0.693 53	0.660 21	0.574 80
2004	0.782 86	0.779 79	0.767 00	0.695 74	0.663 89	0.579 33
2005	0.783 39	0.779 78	0.767 41	0.698 02	0.667 71	0.584 02
2006	0.783 36	0.779 78	0.767 39	0.697 91	0.667 51	0.583 78
2007	0.782 82	0.779 80	0.766 97	0.695 55	0.663 59	0.578 95
2008	0.785 43	0.779 73	0.769 00	0.706 85	0.682 42	0.602 13
2009	0.785 29	0.779 73	0.768 89	0.706 27	0.681 45	0.600 94
2010	0.783 25	0.779 79	0.767 31	0.697 43	0.666 72	0.582 81
2011	0.785 19	0.779 73	0.768 82	0.705 84	0.680 74	0.600 06
2012	0.785 81	0.779 72	0.769 30	0.708 52	0.685 20	0.605 55

　　1998 年后呼伦贝尔草原牲畜头数的迅速增加，导致草原退化面积明显扩大，退化程度明显提高，使草原应对气候变化和人为干扰的自我调节能力、恢复能力显著降低，生态系统稳定性降低，使在偏低降水量的气候条件下，草原的实际碳库水平明显偏离未退化状态下的气候预测值。因此，如果通过各种调控措施，使草原的植被状况恢复到 20 世纪 80~90 年代的水平，那么草甸草原中高碳密度区的碳固持量将会显著增加（表 7-9），具体为草甸草原中

高碳密度区可增加 $751.59×10^{10}$ g C（图 7-28），草原中碳密度区可增加 $254.95×10^{10}$ g C（图 7-29），草原低碳密度区可增加 $657.77×10^{10}$ g C（图 7-30）。而在降水和土壤水分条件良好的区域，由于温度的升高，林缘湿地高碳密度区实际上比 20 世纪 80～90 年代增加了 $1270.32×10^{10}$ g C（图 7-31），在林草交错区高碳密度区实际增加了 $3891.22×10^{10}$ g C（图7-32）。

表 7-9　20 世纪 80～90 年代碳增汇功能区各一级区碳库水平的变化

碳增汇功能区	面积（m²）	碳汇增加（g）	源汇变化及原因
Ⅲ 草甸草原中高碳密度区	$2.02×10^{10}$	$-751.59×10^{10}$	碳源区，过度放牧
Ⅳ 草原中碳密度区	$0.66×10^{10}$	$-254.95×10^{10}$	碳源区，过度放牧
Ⅴ 草原低碳密度区	$2.97×10^{10}$	$-657.77×10^{10}$	碳源区，过度放牧
Ⅰ 林缘湿地高碳密度区	$1.12×10^{10}$	$1270.32×10^{10}$	碳增汇区，升温
Ⅱ 林草交错区高碳密度区	$3.40×10^{10}$	$3891.22×10^{10}$	碳增汇区，升温

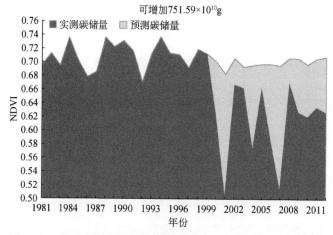

图 7-28　草甸草原中高碳密度区恢复到未退化状态的碳增汇量

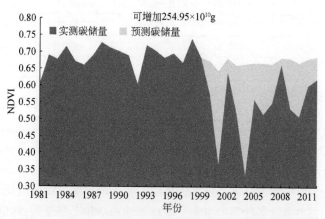

图 7-29　草原中碳密度区恢复到未退化状态的碳增汇量

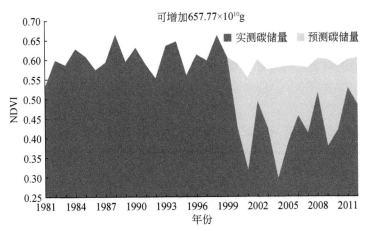

图 7-30　草原低碳密度区恢复到未退化状态的碳增汇量

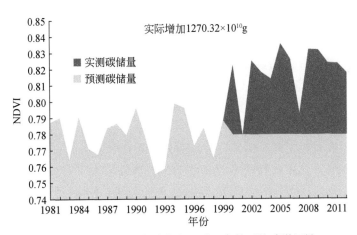

图 7-31　林缘湿地高碳密度区升温条件下的碳增汇量

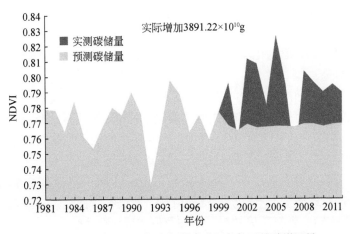

图 7-32　林草交错区高碳密度区升温条件下的碳增汇量

上述分析表明，呼伦贝尔草原中西部地区，受过度放牧压力的影响，进入 21 世纪后，草原明显地负向偏离了适度放牧利用下的稳定的、波动性变化的碳库水平维持状态，成为碳排放明显增加的碳源区，损失的碳量达 1664.31×10^{10} g；而东部的林缘湿地区和林草交错区实际碳增汇效果显著。因此，总体而论，呼伦贝尔草原属于碳汇生态类型区。

所以建议尽可能利用林草交错区的地上生物量，通过打草等利用方式把牧草调整到草甸草原碳密度少的区域，减少对这些区域植被的破坏程度，又可以满足牲畜的饲料需求。

综上，区域尺度上的碳增汇分区调控模式如下。

1）东部稳定高产碳增汇区的保护性利用调控模式。包括 I 林缘湿地高碳密度区和 II 林草交错区高碳密度区 2 个碳增汇功能区。该区域植被状态稳定、牧草产量高，在维持区域碳收支平衡方面有重要的作用。进入 21 世纪后，面对降水量减少、气温升高的气候旱化趋势，以及草原区整体上放牧压力提高的情况，2 个碳增汇功能区表现出一致的响应，即植被生产力提高，碳库水平明显提升，在维持草原碳收支平衡方面发挥着重要的正向调控维护作用。

调控模式：I 区和 II 区所在位置靠近森林区，具有良好的气候、土壤水分条件，在 2000~2012 年的区域载畜量水平上，两个分区的牧草产量平均盈余量可以达到 14.6 亿 kg。根据草原区不同利用方式对草原生产力和生态系统总碳量的分析，打草利用方式的影响较小，在适度打草利用情况下，生态系统的碳库水平基本得以维持。因此，充分利用该区植物高大、饲草产量稳定并且明显盈余，适合作为打草场利用的特点，遵照保护性利用的原则，在维持现有的适度放牧利用的基础上，将该区域 1/3~2/3 的草地面积用作打草场，这样可以为西部过度放牧退化区提供 4.7~9 亿 kg 的饲草。即通过不同地区饲草盈亏状况分析，在提高饲草盈余区草地利用效率的同时，平衡饲草亏缺区的饲草不足，减轻草地放牧压力，实现在区域尺度上对碳增汇的整体调控。

2）西部草畜失衡碳源区供草减畜恢复调控模式。包括碳增汇功能区中的 III 草甸草原中高碳密度区、IV 草原中碳密度区和 V 草原低碳密度区。这些分区的共同特点是牧草产量受降水量变化影响波动剧烈，不同年份饲草产量差异悬殊，特别是在 2000~2012 年载畜量迅速增加的情况下，草原退化加重，草原生态系统的总碳量减少，成为有碳的净排放的碳源区。

调控模式：首先，通过区域之间的饲草平衡途径，利用东部盈余的牧草弥补部分饲草亏缺。例如，通过打草将东部地区 50% 的盈余牧草补给西部 III 区、IV 区和 V 区，可以解决大约 7 亿 kg 的牧草压力，可以使 2000~2012 年西部草原的平均超载牲畜头数从约 231 万头降低至 120 万头左右，达到减轻放牧压力，恢复草原植被生产力和固碳能力的目的。其次，通过推行季节放牧和家庭生态牧场等途径，进一步减少草地载畜量（见 7.3.1 节）。对已经严重退化的草原区域，采取禁牧恢复措施，通过围封恢复、补播恢复、切根和施肥等途径（见 7.2.1 节），恢复草原植被，增加草原的固碳能力。

7.2　局域尺度碳增汇调控模式

面对日益严重的草原退化、沙化问题，必须加强对局域尺度上严重退化类型的禁牧和生态修复工作，比较成熟的恢复措施包括对退化草原采取围封恢复、局地补播、施肥和耙地等措施。此外，对水分条件较好但生态系统脆弱性较高的林草交错区沙地，可以通过樟子松林的建设恢复植被，提高草原区沙地的碳库水平。

7.2.1　退化草地主要改良措施

近年来，由于人类的不合理利用，大面积的草原发生不同程度的退化，草原退化程度的加剧导致退化草原区风蚀沙化问题突出，草原生物多样性受损，饲草生产能力显著降低，导致草原生态系统的碳库水平下降。由于草地面临如此严峻的形势，退化草地的改良已经成为迫在眉睫的任务，为此人们设计并使用多种改良退化草原的途径和方法，如围栏封育（自然恢复）、农业机械改良（包括浅耕翻和耙地等）、补播、施肥及建立人工草场等。

1）围封封育（自然恢复）：围封封育是通过建立网围栏的方法消除人类对草原的放牧和割草干扰，使退化草原实现自然恢复的方法。由于其投资少、易操作，现已成为当前退化草地恢复与重建的重要措施之一。

2）农业机械改良：包括浅耕翻和耙地2种方式。浅耕翻改良是利用三桦犁或双桦犁先翻耕草地，深度控制在15～20cm的一种改良方法。耙地也是草地改良措施之一，有疏松土壤和保蓄水分等作用。与浅耕翻相比，耙地不翻垡草原土壤，减少了地表植被破坏率和草原沙化的可能，但由于耙地深度较浅，对羊草等根茎植物起不到切根促进营养繁殖的作用。

3）补播：补播主要指在退化草地上补种合适的豆科或禾本科优良牧草，通常使用的植物包括羊草、披碱草、冰草、苜蓿和扁蓿豆等，通过增加草地植被盖度和提高生产力，改善草地生态系统的多样性与稳定性。以选择乡土和竞争力强的豆科和禾本科植物最好。而要在盐渍化程度高的草原补播羊草，可以先选择一些先锋植物改良土壤，为羊草的侵入或补播创造条件。

4）施肥：退化草地往往呈现土壤肥力的缺乏，特别是氮肥。人为施肥能显著提高草地肥力、加速牧草恢复生长，从而促进退化草原的恢复演替。

5）建立人工草场：人工草场是利用综合农业技术，在完全破坏了天然植被的基础上，通过人为播种建植人工草地群落。通常选择土壤肥沃，有灌溉条件的地方建立人工草场能显著提高牧草产量。建立大规模高产、优质的人工草场是解决草原区日益尖锐的草畜矛盾，实现草地长久可持续发展的必然要求。

7.2.2　不同改良措施对退化草原群落生产力的影响

不同恢复措施对退化草原的恢复效果的对比分析，是以典型草原植被中的羊草+大针茅草原的退化变体——冷蒿群落为对象。对退化严重的冷蒿群落，围封当年的群落生物量仅为 $45.54g/m^2$，经过围封恢复后，群落的总产量迅速提高，到第 2 年即达到 $149.88g/m^2$，群落的总产量基本上恢复到接近未退化的水平。与总生物量的恢复进程不同，不同阶段建群植物的恢复速度较为缓慢，在 2~3 年变化不明显，其中，大针茅的恢复较好，其相对生物量第 2 年可以从 5.36% 恢复至 13.34%（表 7-10、图 7-33）。

表 7-10　冷蒿群落围封初期的群落构成情况

植物类群	相对生物量（%）	主要优势植物	相对生物量（%）
禾本科植物	34.43	羊草	9.05
葱属植物	8.01	大针茅	5.36
菊科植物	27.56	冷蒿	14.73
豆科植物	14.89		
其他植物	15.13		

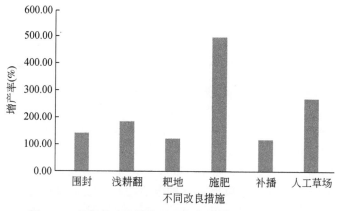

图 7-33　短期的改良措施对退化草原群落生产力的影响

从图 7-33 中可以看出，各种改良措施下群落生物量都有所提高，改良后第 2 年生物量增产率的大小顺序为施肥>人工草场>浅耕翻>围封>耙地>补播，分别比改良前提高500%、272.4%、184.1%、140.2%、121% 和 118%。经 2 年改良，施肥对草地生物量提高的幅度最高，这是因为，土壤中氮和磷等养分的不足是限制天然草地产量的主要因素，施肥后改善其土壤养分状态，牧草种类增多，同时种群结构得到改善，特别是原生群落的建群植物羊草为喜氮植物，使得群落生产力有明显提高。

其次，人工草场建设对退化草原具有较好的改良效果，同时可以大大提高退化草地的生产力。随着恢复时间增加，人工草场地上生物量提高的幅度会降低，这是因为，在播种羊草时完全破坏了原生植被，播种羊草后，羊草种群迅速增长，成为群落的优势种，所以在恢复前期增产幅度最大，同时完全排挤和抑制了群落中其他一些植物的生长。而多年以后，羊草根茎禾草生物学特性导致土壤的通透性变差，致使单一羊草群落退化，又反过来抑制其本身及群落中其他植物的生长发育，因此，群落总生物量低于其他改良措施。

其他几种改良措施相对而言，短期内改良效果相差不大，以围封而言，其成本低，但使退化草地产量难以为继，围封一定年限后草原群落生物量反而会降低。这是因为过长时间围封所积累的枯草会抑制植物幼苗的生长，不利于草地的繁殖更新。此外，过长的围封还会造成土壤呼吸受阻，微生物代谢降低，物质循环和能量流动放慢。补播改良则能加速退化群落的恢复演替，加速植被恢复进程，而浅耕翻、耙地能从根本上改变上层土壤结构，其增产潜力较大，维持时间长。

7.2.3 不同改良措施对退化草原主要建群种的影响

从图 7-34 中可以看出，各种改良方法对退化草原主要建群种的影响不同。改良 2 年后，上述 6 种改良措施对羊草产量都有所提高，人工草场对羊草产量提高的幅度最高，主要是因为在建立人工草场时，进行了羊草播种处理，即羊草人工草场。所以大大提高了退化草原羊草的比例。而其他如大针茅等植物所占比例很小，但经改良后产量也有所提高。

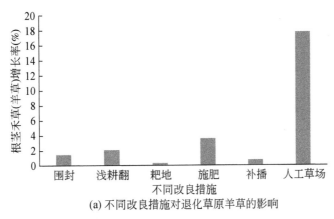

(a) 不同改良措施对退化草原羊草的影响

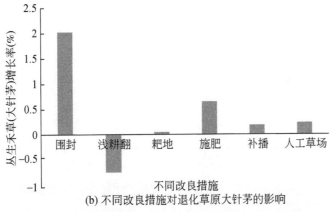

(b) 不同改良措施对退化草原大针茅的影响

图 7-34 不同改良措施对退化草原主要建群种的影响

浅耕翻对羊草和大针茅两种植物产量的影响差异较大，浅耕翻改良后根茎禾草增长率达到198%，而大针茅增长率则出现负值，即其产量有所下降。主要原因是由于浅耕翻能有效降低表层土壤容重，增大空隙度，促进根茎型禾草的无性繁殖，从而增加根茎型禾草所占比例及产量，制约丛生型禾草生长，加速退化群落的恢复演替。耙地改良后根茎禾草增长率为23.5%，而大针茅增长率为5.8%，这可能与耙地深度较浅有关。

围封对大针茅的恢复效果较好，其增产率为203%，而羊草增产率为142.10%。这可能与大针茅作为典型草原最为典型的建群植物的生理生态特性有关。

施肥改良对草地群落组成无明显影响，但施肥可以使羊草的生物量增长3.5倍，大针茅增长0.65倍，对草原群落生产力都有明显的促进作用。

补播改良因播种羊草后，羊草所占比例增多，羊草种群迅速增长，成为群落的优势种，在恢复前期增产幅度较大，羊草生物量增长0.69倍，大针茅增长0.19倍。

天然草地要想实现真正意义上的恢复，降低人为干扰特别是放牧干扰是唯一的途径，但退化草场的恢复与畜牧业的发展是一对现实而尖锐的矛盾，所以通过适当的草地改良方法，可以达到退化草地恢复的效果。上述对比分析结果表明，对中度退化的草地，尤其是以根茎型禾草为草地主要群落的情况下，经采用轻耙、浅耕翻和松土等改良措施后，能改善植物群落的结构、种类组成，提高草群密度和植被高度，此方法主要适用于典型草原和草甸草原的退化羊草草原。比较而言，在局部范围内，对各种草原类型，围封辅以适当的施肥对多数退化群落都具有较好的效果。另外，上述恢复方法在水分条件较好地区实施通常会获得更好的改良效果，呼伦贝尔市草原工作站2011~2012年在陈巴尔虎旗莫日格勒河沿岸退化的温性草甸草原进行的补播、切根和施肥恢复试验取得的良好效果也充分说明了这一点。

7.2.4 林草交错区沙地樟子松林建设的碳增汇模式

内蒙古自治区呼伦贝尔沙地樟子松林，是我国北方林草交错区重要的植被类型之一，其核心分布区位于呼伦贝尔草原的沙质地上，特别是固定、半固定沙丘上。沙地樟子松林在该区东南部的红花尔基一带发育最好，分布成片，密度大，已被列为国家级自然保护区和种源基地。

通过对比分析沙地草原、活化沙地樟子松林、火烧迹地樟子松林、坡地樟子松林和红花尔基保护区内樟子松林等样地的情况发现，活化沙地樟子松林与其他三处受到良好保护的林地之间在树高、胸径和冠幅等方面表现出显著差异。活化沙地樟子松林的树木生长高度和树木粗细参差不齐，树高、胸径变化介于9~181cm，树高平均仅为8.31m，变化介于5~14m；其他三处样地中的樟子松林的生长高度均匀，均在17m以上。红花尔基保护区内的平均树高达27.85m，而树木的胸径变化幅度较大。受林木密度等影响，不同生境下的樟子松林的树高与冠幅之比存在一定差异。活化沙地样地和火烧迹地样地林木稀疏，空间宽敞，树冠呈伞形，横向伸展充分，树高与冠幅之比分别为1:2和1:3；其他两个样地林木密度较大，树冠呈尖塔形，树高与冠幅之比较小。材积量是反映森林碳固持能力的良好指标

（图 7-35），活化沙地樟子松林单位面积的材积量仅有 80.7m³/hm²，而受到良好保护的坡地和红花尔基保护区的樟子松林的材积量则可以达到 188.9～241.6m³/hm²，而火烧对森林损毁严重，火烧迹地樟子松林的材积量与活化沙地樟子松林接近。

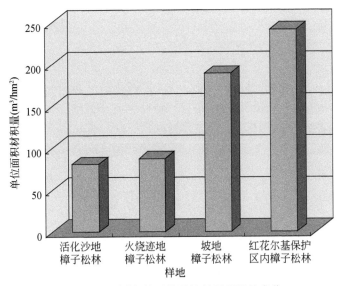

图 7-35 不同条件下樟子松林材积量的变化

因此，在气候适合的林草交错区沙地进行樟子松林建设工作中，既要保证适宜的密植，同时要加强造林成果的保护，更要做好森林防火工作，以保证森林植被的良好发育，提高森林植被的碳汇功能。

7.3 家庭牧场碳增汇调控模式[①]

1997～1998 年呼伦贝尔市全面落实"双权一制"草场承包责任制以后，全市牲畜头数迅速增加，显著加重了草原的放牧压力，在气候旱化和过度放牧的双重影响下，呼伦贝尔草原的退化面积不断扩大，退化程度逐年加重。家庭牧场作为草原区草地资源的基本经营单元，其合理的经营模式对保护草原环境、防止草原退化、维护草原生产力与碳库水平都具有至关重要的作用。

7.3.1 家庭牧场试验示范户的设计

在鄂温克族自治旗锡尼河西苏木的巴音胡硕嘎查，选择 8 户具有冬季暖棚舍饲喂养条件、草场面积（包括租用草场）较大的牧户作为试验示范户，同时选择采取传统放牧和饲

---

① 内蒙古农业大学韩国栋、秦洁提供资料并参与编写。

养方式的 12 户牧户作为对照户，通过减少示范户牲畜养殖数量，以达到减轻草场放牧压力的目的，同时加大饲料、饲草和草场租用等方面的投入，改善牲畜饲养条件。统计结果表明，示范户单位羊占有草场的面积为 14.50 亩，而对照户单位羊占有草场的面积为 13.95 亩，而且示范户平均占有草场的面积比对照户高 2108.38 亩。

7.3.2 家庭牧场试验示范效果

2012～2013 年，采用问卷调查的方式，对 20 户牧户的养殖与经济收益情况进行了调查分析。调查的重点侧重于饲喂体系的优化、成年家畜的筛选、家畜档案的建立、饲草配给方案、牧户基础设施及家畜生产能力与经济收入等几个方面。试验示范调查分析的目的，是要说明在减少示范户牲畜养殖数量后是否能够保证牧户的经济收益，这种示范工程是否具有可行性和推广价值。

7.3.2.1 不同牧户养殖成本投入的对比分析

根据表 7-11、图 7-36 的统计信息，牧户在畜牧业经营过程中，所用的饲料费、饲草费和雇佣劳动力工资，占据了生产经营大部分的支出比例。参加试验后的示范户，出栏后平均每户饲养 219 只基础母羊，平均每户生产成本为 75 842.01 元，每只基础母羊的平均饲养成本为 346.67 元；示范户试验前饲养的基础母羊为 246 只，总成本为 53 134.51 元，每只基础母羊的平均饲养成本为 216.13 元。按当年价计算，示范户在试验后平均每户养羊的总成本比试验前增加 22 707.50 元，养殖单位母羊的平均成本比试验前增加 130.54 元。对照户基础母羊饲养数量为 238 只，平均每户养羊的总成本为 50800 元，每只基础母羊的平均饲养成本为 221 元。示范户试验后的每只羊的平均成本显著高于对照户与参加试验前。示范户每户养羊的总成本平均比对照户高 25 042.40 元，养殖每只基础母羊的平均成本投入高出 125.91 元。

表 7-11 不同牧户养殖成本项目表

项目	示范户		对照户
	试验前	试验后	
饲料费（元）	27 956.82	35 520.21	25 010.75
饲草费（元）	8 574.47	14 433.19	11 756.25
配种费（元）	33.09	952	45.08
防疫治疗费（元）	1 347.15	1 363.85	868.78
雇佣劳动力工资（元）	8 289.36	10 851.06	4 983.33
柴油汽油费（拉水、放羊）（元）	4 153.19	6 106.38	4 489.58
租草场费（元）	3 780.43	6 615.32	3 645.84
总成本（不计自家劳动报酬）（元）	53 134.51	75 842.01	50 799.61
平均每户养羊数量（基础母羊）（只）	246	219	238
单位羊成本（元）	216.13	346.67	220.76

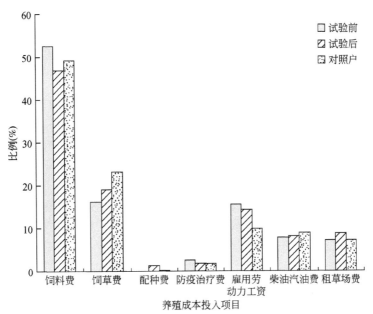

图 7-36　牧户养殖成本投入项目占比情况的对比分析

7.3.2.2　不同牧户养殖收入的对比分析

统计调研牧户的养殖收入构成中，8 户试验户生产性收入构成的主体部分是当年所产羔羊的收入。由于基础母羊的残值收入与母羊原值基本可以相抵消，这里所计算收入时并未考虑基础母羊残值收入，在后面统计计算牧户成本时也未考虑基础母羊原值折旧（表 7-12）。

表 7-12　不同牧户养殖收入项目构成表

项目	示范户		对照户
	试验前	试验后	
养殖基础母羊数量（只）	246	219	238
当年羔羊数量（只）	221	205	192
单位羔羊售价（元）	578.56	683.64	588.13
羔羊收入合计（元）	66 470.58	85 026.57	68 719.76
其他合计（元）	34 344.37	68 406.21	29 856.14
平均每只羊收入（元）	410.07	701.34	413.99
平均每户收入合计（元）	100 814.95	153 432.78	98 575.90

根据表 7-12，参加试验后的示范户平均每户收入和单位羊的收入显著高于试验前，且显著高于同期的对照户。示范户在试验前平均每户养殖 246 只基础母羊，每只基础母羊按当年价格计算，可获得收入 100 814.95 元，平均每只基础母羊的收入为 410.07 元。试验后示范户平均每户可以养殖 219 只基础母羊，可获得收入 153 432.78 元，平均每只基础母

羊的收入为701.34元。相比较示范户在参加试验后与参加试验前的数据，养殖基础母羊数量平均每户减少27只羊，但是平均每个示范户收入却增加52 617.83元，平均每只基础母羊获得的收入增加291.27元。

对照户每户平均养殖238只基础母羊，可获得收入为98 575.90元，平均每只基础母羊的收入为413.99元。与经过生产优化的示范户相比，同期的对照户平均每户可以比示范户多养20只基础母羊，年平均每户收入比示范户低54 856.88元，单位羊平均收入比示范户低287.35元。

单位羊单位收入情况的差异与不同牧户是否采取冬季暖棚舍饲和春季补充饲料精细喂养关系密切。家畜在冷季普遍出现掉膘现象，尤其是母畜，一方面要抵御严寒，另一方面要抚育后代，都需要母畜消耗大量的能量，此时舍饲的暖棚御寒和补充饲料精细喂养尤为重要。这不但可以保证出生羔羊的存活能力，也有助于其自身状况的恢复，来年能够持续稳定地增重。示范户试验后的产羔率、羔羊成活率明显高于对照户（图7-37），而且示范户初生羔羊的体重比对照户平均高出1.5~2.0kg等调研结果都充分说明了这个问题。

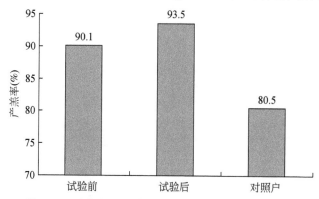

图7-37　示范户试验前后及对照户母羊产羔率的差别

7.3.2.3　不同牧户养殖的经济收益分析

根据表7-13的统计信息，试验后的示范户在比试验前少养27只、比对照户少养19只羊的情况下，通过增加养殖过程中各环节的成本投入，建设冬饲暖棚，以及春季实施补充饲料精细喂养等，养殖的经济收益显著高于试验前和对照户的经济收益。示范户在试验前户均年生产纯收益与对照户基本相同，分别为47 617.44元和47 776.29元，而通过优化管理试验后，示范户户均年生产纯收益为77 590.77元。即参加试验的示范户比采用传统养殖方法的牧户户均纯收益可以增加29 814.48元的经济收益。

表7-13　不同牧户养殖经济收益的对比分析

项目	示范户		对照户
	试验前	试验后	
养殖基础母羊数量（只）	246	219	238
当年羔羊数量（只）	221	205	192
单位羊成本（元）	216.13	346.67	220.76

项目	示范户		对照户
	试验前	试验后	
平均每只羊收入（元）	409.81	701.34	413.99
单位羊收益（元）	193.68	354.67	193.23
户均成本合计（元）	53 134.51	75 842.01	50 799.61
户均收入合计（元）	100 751.95	153 432.78	98 575.90
户均年生产纯收益合计（元）	47 617.44	77 590.77	47 776.29

家庭牧场调研工作的结果表明，通过增加牧户养殖投入，建设冬饲暖棚，实施春季补充饲料精细喂养，采用控制养殖规模的措施，平均每户在减少牲畜15%以上的条件下，保证牧户的经济收益，试验示范户的收入水平都明显高于同期对照户，获得了良好的经济效益和社会效益。

家庭牧场的示范工程实施效果的调研结果还表明，在呼伦贝尔市全市牲畜头数达到2500万标准羊单位、草原牲畜头数达到800万标准羊单位的现实情况下，呼伦贝尔草原出现了大面积的草原退化问题，草原的退化程度逐年加重。如果作为草地基础生产单元的家庭牧场能够全面按示范工程那样减少15%左右的牲畜数量，那么草原将会减少120万标准羊单位的草场压力，对草原生态环境保护、维持草原生产力与碳库水平将会发挥重要作用。

7.3.3 试验示范区割草与放牧对草原生产力与碳库特征的影响

放牧与割草利用是当地最传统、最常见的两种草地利用方式。本研究在鄂温克族自治旗锡尼河西苏木的巴音胡硕嘎查，选取大针茅+羊草的退化变型糙隐子草+羊草群落，利用3块放牧场及与其毗邻的3块打草场，于7月末至8月初开展植被与土壤的野外调查工作。研究样地从1998年草场承包到户后一直分别作为打草场和放牧场利用至今。放牧家畜以呼伦贝尔短尾羊和牛为主，放牧时间为每年的4月中旬至11月中旬。当地牧民打草时间为牧草达到最高产草量即每年的8月初至中旬。

7.3.3.1 不同利用方式对植物群落的影响

(1) 植物群落特征

经过对植物生长季地上生物量的调查发现，不同利用方式下草地植物群落现存量存在显著性差异（$P<0.05$）[图7-38（a）]。在植被生长高峰期，打草场群落地上现存量达167.7g/m²，而放牧场为100.0g/m²，约低于打草场生物量的67.6%。打草场生长季植物群落的高度在检验水平$P<0.01$下显著高于放牧场的高度[图7-38（c）]，即打草场的群落高度一般在50cm左右，而放牧场的群落高度则为20cm左右，低于打草场的群落高度大概30cm。从图7-38（b）和图7-38（d）的分析结果得知，草地不同利用方式对群落密度与盖度均无显著差异（$P>0.05$）。结果表明，在草地不同利用方式下，虽然群落密度和盖度在两种处理下都不存在显著性，但放牧对植物群落地上现存量与高度有显著的影响。

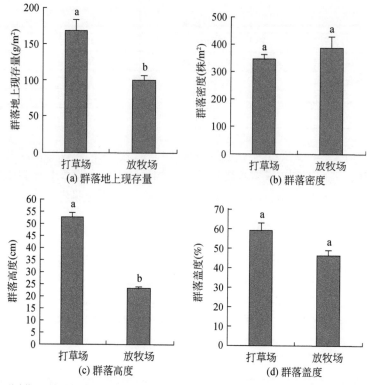

图 7-38　不同草地利用方式对植物群落地上现存量、群落密度、群落高度、群落盖度的影响

注：不同的小写字母表示有显著性差异（$P<0.05$）。下同

（2）主要植物种群

根据放牧场与打草场全部物种个体的重要值，进行排序选取数值最大的前 10 个植物种进行方差分析，综合两种利用方式下的结果，选出糙隐子草、羊草、星毛委陵菜、薹草、羽茅、大针茅、麻花头七个主要的物种。然后对这些主要物种的地上现存量、高度、密度和盖度在草地不同利用方式下的差异特性进行方差分析（图 7-39）。

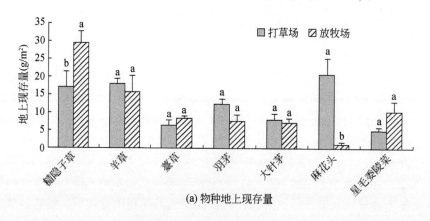

(a) 物种地上现存量

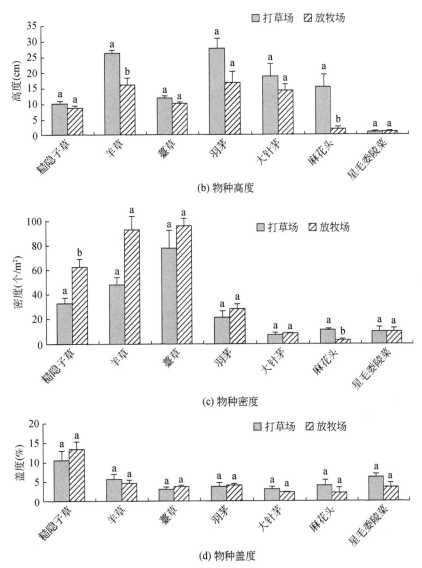

图 7-39　不同草地利用方式对主要植物物种地上现存量、高度、密度和盖度的影响

从图 7-39（a）的打草场与放牧场地上现存量的分析结果可以看出，除了糙隐子草与麻花头以外，其他几个物种在割草与放牧两种利用方式下的方差分析检验结果均无显著性差异。其中，糙隐子草在放牧场的地上现存量为 29.4g/m²，比在打草场的地上现存量高出 12.3g/m²，方差分析检验结果显著（$P < 0.05$）。而麻花头在打草场的地上现存量（20.7g/m²）显著高于放牧场的地上现存量（1.2g/m²）（$P < 0.05$）。羊草、薹草、羽茅、大针茅和星毛委陵菜在两种利用方式草地中的总差异都小于 5g/m²，差异不显著（$P > 0.05$）。

从图 7-39（b）的主要物种高度分析结果可以看出，除了星毛委陵菜的高度以外，打草场的其他几个主要物种高度都高于放牧场的高度。其中，羊草（打草场26.15cm>放牧场17.88cm）和麻花头（打草场15.43cm>放牧场1.94cm）在打草场的高度显著高于放牧场的高度（$P<0.05$）。糙隐子草和星毛委陵菜在放牧场与打草场中的高度几乎相同。另外，在两种草地利用方式下，草群中羽茅和羊草始终保持高度的优势地位。

从图7-39（c）的主要物种密度变化分析结果可以看出，放牧利用草地中糙隐子草、羊草、薹草、羽茅、大针茅物种的密度高于打草利用草地。其中，糙隐子草在放牧场的密度显著高于打草场的密度（$P<0.05$）。打草场中只有麻花头的密度显著大于放牧场。图7-39（d）表明，打草场与放牧场主要物种盖度均无显著性差异（$P>0.05$）。

7.3.3.2 群落构成与植物重要值的变化

试验地植物种类由73种植物组成，隶属22个科、53个属，其中，菊科有14种、禾本科有9种、豆科有8种。从表7-14中可以看出，虽然植物群落组成在两种草地利用方式下数量上没多大差异：其中，打草场为20个科、45个属、60个种；放牧场为20个科、45个属、62个种，但两种草地利用方式的物种重要值及其群落学作用存在明显的差异。

表7-14 不同利用方式下植物群落物种组成及其重要值变化

群落物种组成			重要值	
科	属	种	打草场	放牧场
百合科 Liliaceae	葱属 Allium	细叶韭 Allium tenuissimum	0.12a	0.32a
		双齿葱（沙韭）Allium bidentatum	2.80a	0.70b
		野韭 Allium ramosum	0.09a	0.03a
		矮葱 Allium anisopodium	—	0.04
车前科 Plantaginaceae	车前属 Plantago	车前子 Plantago asiatica L	—	0.29
唇形科 Labiatae	黄芩属 Scutellaria	并头黄芩 Scutellaria scordifloia	0.87a	2.76a
	裂叶荆芥属 Schizonepeta	多裂叶荆芥 Schizonepeta multifida	0.19a	0.14a
豆科 Leguminosae	黄芪属 Astragalus	斜茎黄芪 Astragalus adsurgens	0.33a	0.53a
		草木樨状黄芪 Astragalus melilotoides	0.56a	0.11a
		细叶黄芪（变种）Astragalus melilotoides	0.05	—
		白花黄芪 Astragalus galactites	—	0.04
	棘豆属 Oxytropis	多叶棘豆 Oxytropis myriophylla	0.74a	0.28a
	锦鸡儿属 Caragana	小叶锦鸡儿 Caragana microphylla	0.20a	0.04a
	米口袋属 Gueldenstaedtia	（少花）米口袋 Gueldenstaedtia verna	0.04a	0.05a
	苜蓿属 Medicago	扁蓿豆 Medicago ruthenica	1.35a	0.75a

群落物种组成			重要值	
科	属	种	打草场	放牧场
禾本科 Gramineae	冰草属 Agropyron	冰草 Agropyron michnoi	2.87a	2.50a
	狗尾草属 Setaria	狗尾草 Setaria viridis	—	0.07
	芨芨草属 Achnatherum	羽茅 Achnatherum sibiricum	6.47a	7.47a
	赖草属 Leymus	羊草（碱草）Leymus chinensis	8.20a	11.92a
	落草属 Koeleria	落草 Koeleria cristata	3.48a	1.79a
	羊茅属 Festuca	羊茅 Festuca ovina	4.09a	2.99a
	隐子草属 Cleistogenes	糙隐子草 Cleistogenes squarrosa	10.45b	23.01a
	早熟禾属 Poa	草地早熟禾 Poa pratensis	4.04a	1.69a
	针茅属 Stipa	大针茅 Stipa grandis	4.75a	6.53a
景天科 Crassulaceae	瓦松属 Orostachys	瓦松 Orostachys fimbriatus	0.22a	0.06a
菊科 Compositae	狗娃花属 Heteropappus	阿尔泰狗娃花 Heteropappus altaicus	1.43a	0.71a
	蒿属 Artemisia	黑沙蒿（油蒿）Artemisia ordosica krasch	0.24a	0.17a
		漠蒿 Artemis siadeserforum spreng	0.21a	0.03a
		冷蒿 Artemisia frigida	2.78a	1.97a
		猪毛蒿 Artemisia scoparia waldst et kit	2.86a	0.43b
	火绒草属 Leontopodium	火绒草 Leontopodium leontopodioides	—	0.03
	苦苣菜属 Sonchus	苦苣菜 Sonchus oleraceus L.	—	0.08
	苦荬菜属 Ixeris	山苦荬 Ixeris denticulata	2.27a	0.95a
		狭叶苦荬菜 Ixeris chinensis	0.62a	0.65a
	麻花头属 Serratula	麻花头 Serratula centauroides	8.45b	2.64a
	蒲公英属 Taraxacum	东北蒲公英 Taraxacum ohwianum kitam	—	0.14
	线叶菊属 Filifolium	线叶菊 Filifolium sibiricum	0.20a	0.04a
	鸦葱属 Scorzonera	东北鸦葱 Scorzonera manshurica Nakai	0.06	—
		鸦葱 Scorzonera austriaca	0.08	—
藜科 Chenopodiaceae	地肤属 Kochia	木地肤 Kochia prostrata	0.02	—
	藜属 Chenopodium	灰绿藜 Chenopodium glaucum	—	0.28
		尖头叶藜 Chenopodium acuminatum willd	0.08 a	0.40a
		刺藜 Chenopodium aristatum	—	0.03
	猪毛菜属 Salsola	猪毛菜 Salsola collina	—	0.05
蓼科 Polygonaceae	蓼属 Polygonum	扁蓄蓼 Polygonum aviculare	—	0.17

续表

群落物种组成			重要值	
科	属	种	打草场	放牧场
龙胆科 Gentianaceae	龙胆属 *Gentiana*	达乌里龙胆 *Gentiana dahurica Fisch*	0.04	—
		鳞叶龙胆 *Gentiana squarrosa*	1.25a	1.66a
	白头翁属 *Pulsatilla*	细叶白头翁 *Pulsatilla turcjaninovii*	1.17a	0.08a
毛茛科 Ranunculaceae	铁线莲属 *Clematis*	棉团铁线莲 *Clematis hexapetala pall*	0.34	
	唐松草属 *Thalictrum*	展枝唐松草 *Thalictrum squarrosum*	1.47 a	0.46a
茜草科 Rubiaceae	拉拉藤属 *Galium*	蓬子菜 *Galium verum* Linn. Var. verum Linn. var. verum	0.25	
蔷薇科 Rosaceae	地榆属 *Sanguisorba*	地榆 *Sanguisorba officinalis willd L.*	0.08a	0.03a
	地蔷薇属 *Chamaehodos*	地蔷薇 *Chamaehodos erecta* (Linn.) Bge	0.17a	0.09a
	委陵菜属 *Potentilla*	轮叶委陵菜 *Potentilla verticillaris steph*	1.14a	0.55a
		菊叶委陵菜 *Potentilla tanacetifolia willd*	4.45a	2.39a
		二裂委陵菜 *Potentilla bifurca* Linn	0.26a	0.25a
		星毛委陵菜 *Potentilla acaulis*	4.36b	9.66a
伞形科 Umbelliferae	柴胡属 *Bupleurum*	锥叶柴胡 *Bupleurum bicaule*	—	0.03
		红柴胡 *Bupleurum scorzonerifolium*	0.78a	0.19a
莎草科 Cyperaceae	薹草属 *Carex*	脚薹草（日阴菅）*Carex pediformis*	0.11a	1.05a
		薹草 *Carex dispalata*	4.75b	8.53a
十字花科 Cruciferae	独行菜属 *Lepidium*	独行菜 *Lepidium Lapetalum*	—	0.06
	花旗竿属 *Dontostemon*	小花花旗杆 *Dontostemon micranthus*	0.15a	0.14a
石竹科 Caryophyllaceae	女娄菜属 *Melandrium*	女娄菜 *Melandrium apricum*	0.05	—
	麦瓶草属 *Silene*	旱麦瓶草 *Silene jenisseensis willd*	0.46a	0.07a
玄参科 Scrophulariacea	白婆婆纳属 *Veronica*	白婆婆纳 *Veronica incana*	1.16a	0.41a
	柳穿鱼属 *Linaria*	柳穿鱼 *Linaria vulgaris Mill*	0.07	
	芯芭属 *Cymbaria*	达乌里芯芭 *Cymbaria dahurica*	1.00a	0.15a
亚麻科 Linaceae	亚麻属 *Linum*	野亚麻 *Linum stelleroides*	0.10	—
鸢尾科 Iridaceae	鸢尾属 *Iris*	射干鸢尾 *Iris dichotoma*	4.16a	0.75a
		细叶鸢尾 *Iris tenuifolin pall*	0.66a	0.46a
芸香科 Rutaceae	拟芸香属 *Haplophhyllum*	北芸香 *Haplophhyllum dauricum*	0.04	
紫草科 Boraginaceae	鹤虱属 *Lappula*	鹤虱 *Lappula myosotis*	0.34a	0.12a

注："—"表示此物种在该利用方式下未出现；不同的小写字母表示有显著性差异（$P<0.05$）

在放牧场，糙隐子草（放牧场 23.0%＞打草场 10.4%）、薹草（放牧场 8.5%＞打草场 4.8%）和星毛委陵菜（放牧场 9.7%＞打草场 4.4%）的重要值显著高于打草场（$P<$

0.05），而打草场中麻花头（打草场8.5%＞放牧场2.6%）、双齿葱（打草场2.80%＞放牧场0.70%）和猪毛蒿（打草场2.9%＞放牧场0.4%）的重要值显著高于放牧场（$P<0.05$）。说明两种不同的草地利用方式引起物种组成发生一定变化，打草场植物种类重复出现得多，以多年生植物为主，形成较稳定的植被群落，放牧场在自然和人为等多种干扰下出现较多一年生植物，因此，群落稳定性变差。

在植物生活型构成方面，不同草地利用方式存在较大差异（$P<0.05$）（表7-15）。多年生禾草在打草场与放牧场的地上现存量分别为77.94g/m²和71.12g/m²，两者之间无显著性差异（$P>0.05$）。打草场中多年生杂类草显著高于放牧场，一般高出52.99g/m²。一二年生草本与小半灌木的地上现存量亦存在显著性差异（$P<0.05$），其值分别为打草场6.89g/m²＞放牧场3.02g/m²、打草场1.14g/m²＞放牧场0.07g/m²。

表7-15　刈割与放牧利用下植物功能群地上现存量变化　　　（单位：g/m²）

处理	功能群组成			
	多年生禾草	多年生杂类草	一二年生草本	小半灌木
打草场	77.94±15.32a	89.47±26.93a	6.89±1.20a	1.14±0.63a
放牧场	71.12±9.73a	36.48±14.1b	3.02±1.26b	0.07±0.05b

注：不同的小写字母表示有显著性差异（$P<0.05$）

7.3.3.3　割草与放牧利用对土壤有机质的影响

土壤有机质是土壤中重要的养分指标，也是土壤碳库的主要构成成分。研究样地的土壤以黑钙土为主，土质肥沃，土层较厚。如图7-40所示，0~30cm各层有机质含量均以打草利用的样地为高，但平均值与放牧利用草地之间无显著性差异（$P>0.05$）。在不同土层深度，打草场与放牧场的土壤有机质含量随着土层的加深而逐渐减少：打草场土壤有机质含量从37.52g/kg减少至20.32g/kg；放牧场土壤有机质含量从30.80g/kg减少至17.14g/kg。0~5cm土层打草场与放牧场的有机质含量存在显著差异（$P<0.05$），比放牧场土壤有机质含量高21.82%。在5~10cm土层中，两种利用方式草地的土壤有机质含量几乎相等。

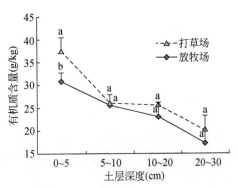

图7-40　打草与放牧利用下土壤有机质含量变化情况

打草场 0~5cm 表层土壤有机质含量显著高于放牧场的原因与两种草地利用方式对草场的影响程度和干扰频次有关。植被特征的分析表明，打草场群落地上现存量显著高于放牧场（$P<0.05$）。并且打草场每年仅在 8 月产量高峰期进行一次打草，此时绝大多数植物都已接近完成生长季的生长发育过程。而放牧场从植物返青开始一直放牧到每年的 11 月中旬，植物在整个生长季中的生长发育过程都受到不同程度的影响。同时，打草场中草原主要物种（如羊草、羽毛、大针茅和麻花头等）的生物量均高于放牧场，这些植物根系发达，每年老根、根毛的脱落与死亡均有助于土壤有机质含量的提高。另外，放牧地土壤水分含量降低、地表裸露度增大也会增强土壤有机质的分解，这可能也是造成土壤有机质含量差异的原因之一。

上述分析表明，在打草与放牧这两种主要的草原利用方式中，打草利用对草原群落生产力及土壤碳库水平的影响较小，草原群落的物种组成与原生群落的优势植物没有发生显著变化。而即使是从 4~11 月的暖季放牧，也会对群落生物量和主要植物种类的群落学作用造成明显改变，在植被碳库减少的同时，草原表层土壤的含碳量显著减少，使草原土壤碳库水平降低。因此，在畜牧业生产实施限制养殖规模、减少牲畜头数的同时，还应该更好地实施季节放牧管理，放牧开始时间进一步延后到 5 月。因为 4~5 月正是牧草萌芽返青时期，地上鲜草产量很低，此时放牧会对植物的后期生长造成严重伤害，可能会对草原全年的生产力水平造成重要影响。

7.4　毛乌素沙地碳增汇途径与措施

总体来说，乌审旗碳库储量变化与其沙漠化变化的趋势基本吻合，且呈 V 形变化。研究表明，20 世纪 90 年代后乌审旗土地沙漠化发生了逆转，人为因素延缓气候作用，并促进该地区植被的恢复，进而提高了区域有机碳储量。本研究显示，1977~1997 年该旗碳库储量减少，主要沙地半灌木及草本植被和草甸与沼泽植被面积减少所致，此阶段沙漠化扩展加剧：寸草滩及禾草滩（面积减少 106.69km²，有机碳库减少 1.63Tg C）、固定沙地上的油蒿群落（面积减少 120.93km²，有机碳库减少 0.52Tg C）、芨芨草滩（面积减少 36.68km²，有机碳库减少 0.23Tg C）、油蒿、苦豆子、牛心朴子群落（面积减少 32.05km²，碳库减少 0.12Tg C）。1997~2012 年有机碳库储量增加，其中，1999~2007 年碳汇增量变化较大，增汇现象明显。其主要原因是流动沙地植被面积（共减少 1224.80km²）、固定沙地植被面积（共增加 336.31km²）和半固定沙地植被面积（共增加 571.78km²）的增加，以及农田面积（增加 225.82km²）的增加等。其中，主要碳增汇的植被类型为固定沙地上的油蒿群落（增加 1.63Tg C）、寸草滩及禾草滩（增加 1.49Tg C）、半固定沙地上的油蒿群落（增加 1.11Tg C）、农田（增加 0.63Tg C）、沙地柳湾林（增加 0.52Tg C）。20 世纪 60 年代后，乌审旗地区降水量趋于减少、气温逐渐升高，气候因素有利于该区沙漠化发展，但是 20 世纪 90 年代后乌审旗土地沙漠化发生了逆转，人为因素延缓气候作用，并促进该地区植被的恢复。例如，"双权一制"政策的逐步推行，90 年代后期实施的"退耕还林还草"和"禁牧"等政策，促进了该地区植被恢复，因此，对其有机碳库储量的增加起到了积极的影响。

上述分析表明,乌审旗陆地生态系统存在较大的碳增汇潜力。根据情景分析结果,增加森林覆盖度、转变土地利用方式和湿地保育等措施,是适合该地区提高碳库储量的可行措施。

1)增加森林覆盖率,提高乌审旗陆地生态系统固碳能力。该地区森林植被包括人工林群落,臭柏群落,柠条、油蒿群落和沙地柳湾林4类,其碳库储量约占乌审旗总储量的14%,森林含碳量从1977年6.28Tg C增加至2012年的7.07Tg C。根据政策情景(森林覆盖率增加至26%),乌审旗陆地生态系统碳库较2012年增加3.83Tg C。人工植树造林和合理的森林管理措施将可能大大提高生态系统的碳固定能力,如实施飞播造林及加强"三北工程"建设和管护等,在恢复沙地植被的同时提高碳固持能力。同时需要注意的是,在固沙造林活动中,考虑到该地区干旱少雨的特点,应选择耐旱的灌木作为造林的主体树种,不应种植蒸腾耗水量大的速生树种,减少对该地区生态用水的消耗。

2)转变土地利用方式,恢复区域植被。从情景分析中可以看出,在理想状态下该地区流动沙地和半固定沙地固定后,碳库较2012年可以增汇6.98Tg C。将占全旗面积较大的流动沙地和半固定沙地固定下来、恢复植被、增加碳汇,转变土地利用方式是可行的措施之一。

研究表明,轻度放牧或不放牧可以提高区域尺度碳增汇能力,通过"围封禁牧"及"推广人工草场和舍饲技术"等措施减轻对草地的放牧压力。前一种方式,通过政府政策等行政手段设定单位面积草场的载畜量,调控、管理和约束牧民的土地利用方式和行为;通过围封禁牧等措施,增强草地碳汇功能,有条件区域辅以施肥补播等其他管理措施,促进植被恢复,提高其固碳效率;在限制的同时注重对当地牧户进行生态补偿。后一种方式是土地利用集约化程度的提高——"粗放型畜牧业向集约型畜牧业转变"和土地利用方式的转变。研究发现,复合的农牧生产系统更有利于增加生态系统碳固持能力,单一的农业或牧业系统不利于生态系统碳增汇。"以地养地"恢复植被,乌审旗牧户家庭都有种植青贮玉米的习惯,开辟高效地,种植青贮玉米,在恢复植被的同时,牲畜得到充足的草料供应,有关部门应该在此有利基础上对牧户家庭提供资金支持,逐步增加人工草场规模,减轻放牧对草场的压力;加强"圈养结合",为牧民提供圈养舍饲相关的技术培训和服务,扩大舍饲比例,有条件的地区推行牧民合作制;积极发展第三产业,鼓励有经济条件的家庭发展特色旅游业等。通过这些措施转变传统的粗放型土地利用方式。

3)湿地保育,增加固碳潜力。低湿地植被碳库储量约为乌审旗碳库储量的30%,是主要的碳库植被类型之一。通过情景分析发现,假设低湿地面积增加1倍且土壤得到充分的恢复,乌审旗碳库储量较2012年增加13.40Tg C,碳增汇效果非常明显。湿地不仅为周围生物提供水源、遏制沙丘的扩张,在维持生物多样性、区域碳循环过程中起着不可忽视的作用。然而,正因为湿地植被生长较好,对其放牧利用强度往往较其他区域大。自1977年以来,乌审旗湿地发生不同程度的退化,减少了60.39km²,碳储量损失0.52Tg C,特别是研究时段1977~1997年湿地退化明显。在低湿地保护和恢复过程中,充分发挥政府管理的作用,通过湿地生态系统重要功能的宣传提高民众的保护意识;制定相应的政策,发挥生态补偿的作用，合理引导、限制放牧强度；更重要的是，建立湿地水资源合理利用机制，限制开采湿地周围浅层地下水，保障湿地生态用水，促进湿地面积恢复。

4）政策因素在碳增汇调控中的作用。区域碳储量的变化和局地水平农牧民家庭的土地利用活动有关，局地家庭土地利用活动所造成的碳储量的变化最终反映到区域水平上。而政策在土地利用/覆盖动态中扮演着重要的角色，合理的政策将有效管理和约束局地家庭的土地利用方式和行为。因此，政策对局地家庭土地利用决策、区域土地退化和区域碳增汇管理措施的实施具有十分重要的意义。

研究表明，实施"双权一制"政策可以缓解草原退化的趋势。牧区生产的主体是家庭牧场的经营，随着"双权一制"政策的逐步推行，土地权属发生了变化，结束了传统的游牧时代，对牧区的自然、经济和社会产生深远的影响。实行"双权一制"政策以前，牲畜私有、草牧场公有共用，家庭在公有草地放牧不必支付使用费，没有直接动机去保护草地。实施"双权一制"政策后，草场的使用权和经营权分配给家庭，家庭牧场成为草场管理的主体，家庭可以灵活地选择管理策略。虽然该政策的实施会带来一些社会和环境问题，以及在短期内出现草场过度利用行为，这是一种处于弱势地位的牧户家庭，基于生计压力需求下的经济利益从众心理与强大政策的博弈，但长期牧户会自觉地保护草场。因此，采取有力措施，扎扎实实推进该项工作，要因地制宜、创造性地开展工作，在草原承包到户的基础上，按照"依法、自愿、有偿"的原则，规范草原流转行为，促进草地资源的优化配置，强化牧民的经营主体地位。

参 考 文 献

敖伊敏, 焦燕, 徐柱. 2011. 典型草原不同围封年限植被-土壤系统碳氮贮量的变化. 生态环境学报, 20 (10): 1403-1410.

鲍雅静, 李政海, 郭鹏, 等. 2015. 草原植物群落生产力及能量功能群组成对年降水量波动的响应. 大连民族学院学报, 17 (5): 433-438.

曹鑫, 辜智慧, 陈晋, 等. 2006. 基于遥感的草原退化人为因素影响趋势分析. 植物生态学报, 30 (2): 268-277.

查勇, Gao J, 倪绍祥. 2003. 国际草地资源遥感研究新进展. 地理科学进展, 22 (6): 607-617.

陈宝瑞, 李海山, 朱玉霞, 等. 2010. 呼伦贝尔草原植物群落空间格局及其环境解释. 生态学报, 30 (5): 1265-1271.

陈佐忠. 1988. 中国土地退化防止研究. 北京: 中国科技出版社.

戴尔阜, 黄宇, 赵东升. 2015. 草地土壤固碳潜力研究进展. 生态学报, 35 (12): 3908-3918.

丁越岿, 杨劼, 宋炳煜, 等. 2012. 不同植被类型对毛乌素沙地土壤有机碳的影响. 草业学报, 21 (2): 18-25.

丁志, 童庆禧, 郑兰芬, 等. 1986. 应用气象卫星图象资料进行草场生物量测量方法的初步研究. 干旱区研究, (2): 8-13.

樊恒文, 贾晓红, 张景光, 等. 2002. 干旱区土地退化与荒漠化对土壤碳循环的影响. 中国沙漠, 22 (6): 525-533.

樊江文, 钟华平, 梁飚, 等. 2003. 草地生态系统碳储量及其影响因素. 中国草地学报, 25 (6): 51-58.

方精云, 刘国华, 徐嵩龄, 等. 1996. 中国陆地生态系统的碳库、温室气体浓度和排放监测及相关过程. 北京: 中国环境科学出版社.

方精云, 郭兆迪, 朴世龙, 等. 2007. 1981~2000年中国陆地植被碳汇的估算. 中国科学 (D 辑: 地球科学), 37 (6): 804-812.

高添. 2013. 内蒙古草地植被碳储量的时空分布及水热影响分析. 北京: 中国农业科学院博士学位论文.

耿浩林. 2006. 克氏针茅群落地上/地下生物量分配及其水热因子响应研究. 北京: 中国科学院研究生院 (植物研究所) 硕士学位论文.

耿元波, 董云社, 孟维奇. 2000. 陆地碳循环研究进展. 地理科学进展, 19 (4): 297-306.

郭欢欢, 李波, 郝利霞, 等. 2011. 不同类型农户对退耕政策响应差异研究——以准格尔旗为例. 生态经济, (11): 38-41, 45.

郭健. 2010. 充分挖掘草原碳汇功能助推经济社会和谐发展. 现代农业, (12): 3-4.

郭连喜, 王美妮, 赵伟. 2006. 基于3S技术的草地估产系统的研究与应用. 农业工程学报, 22 (5): 118-121.

郭然, 王效科, 刘康, 等. 2004. 樟子松林下土壤有机碳和全氮储量研究. 土壤, 36 (2): 192-196.

郭然, 王效科, 逯非, 等. 2008. 中国草地土壤生态系统固碳现状和潜力. 生态学报, 2 (28): 862-867.

韩国栋, 许志信, 章祖同. 1990. 划区轮牧和季节连续放牧的比较研究. 干旱区资源与环境, (4): 85-93.

韩文轩, 方精云. 2008. 幂指数异速生长机制模型综述. 植物生态学报, 32 (4): 951-960.

何英. 2006. 大兴安岭天然林保护工程碳汇潜力研究. 北京: 中国林业科学研究院博士学位论文.

侯晓莉. 2012. 不同施肥措施下双季稻田固碳减排研究. 北京: 中国农业科学院硕士学位论文.

胡会峰, 王志恒, 刘国华, 等. 2006. 中国主要灌丛植被碳储量. 植物生态学报, 30 (4): 539-544.

胡志超, 李政海, 黄朔, 等. 2014a. 区域尺度上草原植被覆盖变化与碳增汇潜力的遥感分级评价方法研究. 内蒙古大学学报 (自然科学版), 45 (5): 540-546.

胡志超, 李政海, 周延林, 等. 2014b. 呼伦贝尔草原退化分级评价及时空格局分析. 中国草地学报, 36 (5): 12-18.

胡中民, 樊江文, 钟华平, 等. 2005. 中国草地地下生物量研究进展. 生态学杂志, (9): 1095-1101.

黄德华, 王艳芬, 陈佐忠. 1996. 内蒙古羊草草原均腐土营养元素的生物积累. 草地学报, (4): 231-239.

黄劲松, 邸雪颖. 2011. 帽儿山地区 6 种灌木地上生物量估算模型. 东北林业大学学报, 39 (5): 54-57.

黄奇, 刘陟, 周延林, 等. 2015. 毛乌素沙地沙柳生物量估测模型研究. 内蒙古大学学报 (自然科学版), 46 (3): 256-261.

贾坤, 姚云军, 魏香琴, 等. 2013. 植被覆盖度遥感估算研究进展. 地球科学进展, 28 (7): 774-782.

贾炜玮, 李凤日, 董利虎, 等. 2012. 基于相容性生物量模型的樟子松林碳密度与碳储量研究. 北京林业大学学报, 34 (1): 6-13.

姜凤岐, 卢凤勇. 1982. 小叶锦鸡儿灌丛地上生物量的预测模式. 生态学报, 2 (2): 103-110.

姜立鹏, 覃志豪, 谢雯, 等. 2006. 基于 MODIS 数据的草地净初级生产力模型探讨. 中国草地学报, 28 (6): 72-76.

瞿王龙, 裴世芳, 周志刚, 等. 2004. 放牧与围封对阿拉善荒漠草地土壤有机碳和植被特征的影响. 甘肃林业科技, 29 (2): 4-6.

李博. 1990. 内蒙古鄂尔多斯高原自然资源与环境研究. 北京: 科学出版社.

李剑杨, 刘丽, 李政海, 等. 2016. 呼伦贝尔草原根系分布特征及其与植物功能类群及草原退化的关系. 中国草地学报, 38 (4): 55-62.

李京, 陈晋, 袁清. 1994. 应用 NOAA/AVHRR 遥感资料对大面积草场进行产草量定量估算的方法研究. 自然资料学报, (4): 365-374.

李克让, 王绍强, 曹明奎. 2003. 中国植被和土壤碳贮量. 中国科学 (D 辑: 地球科学), (1): 72-80.

李凌浩. 1998. 土地利用变化对草原生态系统土壤碳贮量的影响. 植物生态学报, 22 (4): 300-302.

李梦娇, 李政海, 鲍雅静, 等. 2016. 呼伦贝尔草原载畜量及草畜平衡调控研究. 中国草地学报, 38 (2): 72-78.

李新宇, 唐海萍. 2006. 陆地植被的固碳功能与适用于碳贸易的生物固碳方式. 植物生态学报, 30 (2): 200-209.

李永宏. 1992. 放牧空间梯度上和恢复演替时间梯度上羊草草原的群落特征及其对应性//中国科学院内蒙古草原生态系统定位研究站. 草原生态系统研究 (第四集). 北京: 科学出版社.

李政海, 鲍雅静, 张靖, 等. 2015. 内蒙古草原退化状况及驱动因素对比分析——以锡林郭勒草原与呼伦贝尔草原为研究区域. 大连民族学院学报, 17 (1): 1-5.

李政海, 张靖, 刘丽, 等. 2016. 呼伦贝尔草原区返青期的遥感监测研究. 大连民族大学学报, 18 (1): 1-6.

林德荣, 李智勇, 支玲. 2005. 森林碳汇市场的演进及展望. 世界林业研究, 18 (1): 1-5.

林璐, 乌云娜, 田村宪司, 等. 2013. 呼伦贝尔典型退化草原土壤理化与微生物性状. 应用生态学报, 24 (12): 3407-3414.

刘留辉, 邢世和, 高承芳. 2007. 土壤碳储量研究方法及其影响因素. 武夷科学, 23 (1): 219-226.

刘敏. 2008. 基于 RS 和 GIS 的陆地生态系统生产力估算及不确定性研究——以青藏高原草地样带为例.

南京：南京师范大学硕士学位论文．

刘伟，周华坤，周立．2005．不同程度退化草地生物量的分布模式．中国草地，（2）：9-15.

刘燕华，葛全胜，何凡能，等．2008．应对国际 CO_2 减排压力的途径及我国减排潜力分析．地理学报，63（7）：675-682.

刘陟，黄奇，周延林，等．2014．毛乌素沙地油蒿生物量估测模型研究．中国草地学报，36（4）：24-30.

刘陟，周延林，黄奇，等．2015．毛乌素沙地中间锦鸡儿生物量估测模型．干旱区资源与环境，29（7）：128-133.

龙世友，鲍雅静，李政海，等．2013．内蒙古草原67种植物碳含量分析及与热值的关系研究．草业学报，22（1）：112-119.

卢振龙，龚孝生．2009．灌木生物量测定的研究进展．林业调查规划，34（4）：37-40.

吕海燕．2010．草原产草量模型方法研究．北京：中国农业科学院博士学位论文．

马骅，吕永龙，邢颖，等．2006．农户对禁牧政策的行为响应及其影响因素研究——以新疆策勒县为例．干旱区地理，（6）：902-908.

马文红，韩梅，林鑫，等．2006．内蒙古温带草地植被的碳储量．干旱区资源与环境，20（3）：192-195.

穆少杰，李建龙，陈奕兆，等．2012．2001–2010年内蒙古植被覆盖度时空变化特征．地理学报，67（9）：1255-1268.

聂浩刚，岳乐平，杨文，等．2005．呼伦贝尔草原沙漠化现状、发展态势与成因分析．中国沙漠，25（5）：635-639.

潘根兴，周萍，李恋卿，等．2007．固碳土壤学的核心科学问题与研究进展．土壤学报，44（2）：327-337.

朴世龙，方精云，贺金生，等．2004．中国草地植被生物量及其空间格局．植物生态学报，28（4）：491-498.

尚雯，李玉强，韩娟娟，等．2012．围封对流动沙丘表层土壤有机碳、全氮和活性有机碳的影响．水土保持学报，26（6）：147-152.

史培军，李博，李忠厚，等．1994．大面积草地遥感估产技术研究——以内蒙古锡林郭勒草原估产为例．草地学报，2（1）：9-13.

宋乃平，张凤荣，李保国，等．2004．禁牧政策及其效应解析．自然资源学报，（3）：316-323.

宋霞，刘允芬，徐小锋．2003．箱法和涡度相关法测碳通量的比较研究．江西科学，21（3）：206-210.

陶波，葛全胜，李克让，等．2001．陆地生态系统碳循环研究进展．地理研究，20（5）：564-575.

王长庭，王根绪，刘伟，等．2012．植被根系及其土壤理化特征在高寒小嵩草草甸退化演替过程中的变化．生态环境学报，21（3）：409-416.

王冬．2015．天然草地生态系统固碳现状及其影响机制．杨凌：中国科学院研究生院（教育部水土保持与生态环境研究中心）博士学位论文．

王蕾，张宏，哈斯，等．2004．基于冠幅直径和植株高度的灌木地上生物量估测方法研究．北京师范大学学报（自然科学版），40（5）：700-704.

王明玖，马长升．1994．两种方法估算草地载畜量的研究．中国草地，（5）：19-22.

王庆锁．1994．油蒿、锦鸡儿生物量估测模式．中国草地学报，（1）：49-51.

王秋凤，刘颖慧，何念鹏，等．2012．中国区域陆地生态系统碳收支综合研究的科技需求与重要科学问题．地理科学进展，31（1）：78-87.

王绍强，周成虎．1999．中国陆地土壤有机碳库的估算．地理研究，（4）：349-356.

王绍强，刘纪远，于贵瑞．2003．中国陆地土壤有机碳蓄积量估算误差分析．应用生态学报，14（5）：

797-802.

王艳荣, 雍世鹏. 2004. 利用多时相近地面反射波谱特征对不同退化等级草地的鉴别研究. 植物生态学报, 28 (3): 406-413.

王正兴, 刘闯. 2003. 植被指数研究进展: 从 AVHRR-NDVI 到 MODIS-EVI. 生态学报, 23 (5): 979-987.

吴建国, 张小全, 徐德应. 2003. 土地利用变化对生态系统碳汇功能影响的综合评价. 中国工程科学, 5 (9): 65-71, 77.

希吉勒. 2012. 围封对草地生态系统碳储量影响的研究. 呼和浩特: 内蒙古农业大学硕士学位论文.

肖向明, 王义凤, 陈佐忠. 1996. 内蒙古锡林河流域典型草原初级生产力和土壤有机质的动态及其对气候变化的反应. 植物生态学报 (英文版), 38 (1): 45-52.

徐斌, 杨秀春, 侯向阳, 等. 2007a. 草原植被遥感监测方法研究进展. 科技导报, 25 (9): 5-8.

徐斌, 杨秀春, 陶伟国, 等. 2007b. 中国草原产草量遥感监测. 生态学报, 27 (2): 405-413.

徐希孺, 金丽芳, 赁常恭, 等. 1985. 利用 NOAA-CCT 估算内蒙古草场产草量的原理和方法. 地理学报, 40 (4): 333-346.

徐小锋, 田汉勤, 万师强. 2007. 气候变暖对陆地生态系统碳循环的影响. 植物生态学报, 31 (2): 175-188.

闫德仁, 牟宁, 张健, 等. 2011. 沙地樟子松林与天然更新问题探讨. 内蒙古林业科技, 37 (3): 43-46.

杨光梅, 闵庆文, 李文华, 等. 2006. 基于 CVM 方法分析牧民对禁牧政策的受偿意愿——以锡林郭勒草原为例. 生态环境, (4): 747-751.

姚爱兴, 王培. 1993. 放牧强度和放牧制度对草地土壤及植被的影响. 国外畜牧学—草原与牧草, (4): 1-7.

姚雪茹, 刘华民, 裴浩, 等. 2012. 鄂尔多斯高原 1982—2006 年植被变化及其驱动因子. 水土保持通报, 32 (3): 225-230.

于东升, 史学正, 孙维侠, 等. 2005. 基于 1:100 万土壤数据库的中国土壤有机碳密度及储量研究. 应用生态学报, 16 (12): 2279-2283.

于贵瑞, 孙晓敏, 等. 2006. 陆地生态系统通量观测的原理与方法. 北京: 高等教育出版社.

于贵瑞, 王秋凤, 刘迎春, 等. 2011a. 区域尺度陆地生态系统固碳速率和增汇潜力概念框架及其定量认证科学基础. 地理科学进展, 30 (7): 771-787.

于贵瑞, 王秋凤, 朱先进. 2011b. 区域尺度陆地生态系统碳收支评估方法及其不确定性. 地理科学进展, 30 (1): 103-113.

元征征, 李政海, 贾树海, 等. 2012. 呼伦贝尔林草交错区沙地樟子松林群落结构特征分析. 北方园艺, (20): 79-84.

曾慧卿, 刘琪璟, 马泽清, 等. 2006. 基于冠幅及植株高度的檵木生物量回归模型. 南京林业大学学报 (自然科学版), 30 (4): 101-104.

张法伟, 韩道瑞, 郭小伟, 等. 2011. 青藏高原芨芨草型温性草原不同土地利用方式的理论碳增汇潜力比较. 西北植物学报, 31 (9): 1866-1872.

张方敏, 居为民, 陈镜明, 等. 2010. 基于 BEPS 生态模型对亚洲东部地区蒸散量的模拟. 自然资源学报, 25 (9): 1596-1606.

张宏. 1999. 毛乌素沙地禾草杂类草草地根系生物量动态及能量效率研究. 中国沙漠, (2): 56-60.

张靖. 2014. 1977-2012 年乌审旗沙漠化演变景观格局分析. 大连民族学院学报, 16 (3): 253-257.

张靖, 牛建明, 同丽嘎, 等. 2013. 多水平/尺度的驱动力变化与沙漠化之间的关系——以内蒙古乌审旗为例. 中国沙漠, 33 (6): 1643-1653.

张靖，李政海，鲍雅静，等.2015.土地利用变化对生态系统固碳服务影响研究——以内蒙古乌审旗为例.大连民族学院学报，17（3）：198-201，210.

张靖，同丽嘎，牛建明，等.2014.政策因素对局地家庭土地利用决策的影响——以乌审旗为例.干旱区研究，31（2）：362-368.

张靖，同丽嘎，李政海，等.2016a.内蒙古乌审旗有机碳库变化分析及其增汇调控途径.生态学报，36（9）：2552-2559.

张靖，鲍雅静，李政海，等.2016b.2001-2014年乌审旗生态系统服务变化分析.大连民族大学学报，18（3）：198-202.

张新时.1994.毛乌素沙地的生态背景及其草地建设的原则与优化模式.植物生态学报，（01）：1-16.

张新时，周广胜，高琼，等.1997.全球变化研究中的中国东北森林—草原陆地样带（NECT）.地学前缘，4（21）：145-155.

张艳楠，牛建明，张庆，等.2012.植被指数在典型草原生物量遥感估测应用中的问题探讨.草业学报，21（1）：229-238.

张英俊，杨高文，刘楠，等.2013.草原碳汇管理对策.草业学报，22（2）：290-299.

张志丹，杨学明，李春丽，等.2011.土壤有机碳固定研究进展.中国农学通报，27（21）：8-12.

赵成义，宋郁东，王玉潮，等.2004.几种荒漠植物地上生物量估算的初步研究.应用生态学报，15（1）：49-52.

赵洋，陈永乐，张志山，等.2012.腾格里沙漠东南缘固沙区深层土壤无机碳密度及其垂直分布特征.水土保持学报，26（5）：206-210.

郑绍伟，唐敏，邹俊辉，等.2007.灌木群落及生物量研究综述.成都大学学报（自然科学版），26（3）：189-192.

郑阳，徐注，Takahashi T，等.2010.内蒙古典型草原优化放牧管理模拟研究——以内蒙古太仆寺旗为例.生态学报，30（14）：3933-3940.

钟海玲，李栋梁，陈晓光，等.2006.近40 a来鄂尔多斯市的气温特征及变化研究.中国沙漠，26（4）：652-656.

周立华，朱艳玲，黄玉邦.2012.禁牧政策对北方农牧交错区草地沙漠化逆转过程影响的定量评价.中国沙漠，32（2）：308-313.

周毅，王林和，张国盛，等.2013.毛乌素沙地4种灌木地上构件生物量和碳分布特征.广东农业科学，40（1）：154-157.

周泽生，王晗生，李立，等.1998.灌丛林的生长和生产力.水土保持学报，（1）：103-108.

周兆叶，王志伟，九次力，等.2009.GIS技术在生态环境状况评价方面的应用.草业科学，26（10）：52-58.

朱桂林，韦文珊，张淑敏，等.2008.植物地下生物量测定方法概述及新技术介绍.中国草地学报，30（3）：94-99.

邹婧汝，赵新全.2015.围栏禁牧与放牧对草地生态系统固碳能力的影响.草业科学，32（11）：1748-1756.

Acharya B S, Rasmussen J, Eriksen J. 2012. Grassland carbon sequestration and emissions following cultivation in a mixed crop rotation. Agriculture Ecosystems and Environment，153（24）：33-39.

Anderson D W, Coleman D C. 1985. The dynamics of organic matter in grassland s oils. Journal of Soil and Water Conservation，40（2）：211-216.

Bai Y, Han X, Wu J, et al. 2004. Ecosystem stability and compensatory effects in the Inner Mongolia grassland. Nature, 431（7005）: 181-184.

Cerrillo R M N, Oyonarte P B. 2006. Estimation of above-ground biomass in shrubland ecosystems of southern Spain. Investigación Agraria Sistemas Y Recursos Forestales, 15（2）: 197-207.

Davidson E A, Ackerman I L. 1993. Changes in soil carbon inventories following cultivation of previously untilled soils. Biogeochemistry, 20（3）: 161-193.

Fan J, Zhong H, Harris W, et al. 2008. Carbon storage in the grasslands of China based on field measurements of above- and below-ground biomass. Climatic Change, 86（3-4）: 375-396.

Fang J Y, Guo Z D, Piao S L, et al. 2007. Terrestrial vegetation carbon sinks in China, 1981-2000. Science in China Series D: Earth Sciences, 50（9）: 1341-1350.

Foley J A, Prentice I C, Ramankutty N, et al. 1996. An integrated biosphere model of land surface processes, terrestrial carbon balance, and vegetation dynamics. Global Biogeochemical Cycles, 10（4）: 603-628.

Govind A, Chen J M, Mcdonnell J, et al. 2011. Effects of lateral hydrological processes on photosynthesis and evapotranspiration in a boreal ecosystem. Ecohydrology, 4（3）: 394-410.

Goward S N, Tucker C J, Dye D G. 1985. North American vegetation patterns observed with the NOAA-7 advanced very high resolution radiometer. Vegetatio, 64（1）: 3-14.

Guo L B, Gifford R M. 2002. Soil carbon stocks and land use change: a meta analysis. Global Change Biology, 8（4）: 345-360.

Han Q, Luo G, Li C, et al. 2014. Modeling the grazing effect on dry grassland carbon cycling with Biome-BGC model. Ecological Complexity, 17（1）: 149-157.

Hao Y B, Wang Y F, Cui X Y. 2010. Drought stress reduces the carbon accumulation of the *Leymus chinensis* steppe in Inner Mongolia, China. Chinese Journal of Plant Ecology, 34（8）: 898-906.

He N P, Zhang Y H, Dai J Z, et al. 2012. Land-use impact on soil carbon and nitrogen sequestration in typical steppe ecosystems, Inner Mongolia. Journal of Geographical Sciences, 22（5）: 859-873.

Helldén U, Tottrup C. 2008. Regional desertification: a global synthesis. Global and Planetary Change, 64（3-4）: 169-176.

Holben B N. 1986. Characteristics of maximum-value composite images from temporal AVHRR data. International Journal of Remote Sensing, 7（11）: 1417-1434.

Houghton R A, Hackler J L. 2003. Sources and sinks of carbon from land-use change in China. Global Biogeochemical Cycles, 17（2）: 1034.

Jia X X, Wei X R, Shao M A, et al. 2012. Distribution of soil carbon and nitrogen along a revegetational succession on the Loess Plateau of China. Catena, 95（95）: 160-168.

Kang L, Han X G, Zhang Z B, et al. 2007. Grassland ecosystems in China: review of current knowledge and research advancement. Philosophical Transactions of the Royal Society B, 362（1482）: 997-1008.

Lal R. 2004. Soil carbon sequestration to mitigate climate change. Geoderma, 123（1-2）: 1-22.

Li C P, Xiao C W. 2007. Above- and belowground biomass of *Artemisia ordosica* communities in three contrasting habitats of the Mu Us desert, northern China. Journal of Arid Environments, 70（2）: 195-207.

Li Y, Li L, Chen Z, et al. 1997. Changes in soil carbon storage due to over-grazing in *Leymus chinensis* steppe in the Xilin river basin of Inner Mongolia. Joural of Environmental Science, 9（4）: 486-490.

Liu J, Li S, Ouyang Z, et al. 2008. Ecological and socioeconomic effects of China's policies for ecosystem services. Proceedings of the National Academy of Sciences of the United States of America, 105（28）: 9477-9482.

Lu Y, Zhuang Q, Zhou G, et al. 2009. Possible decline of the carbon sink in the Mongolian Plateau during the 21st century. Environmental Research Letters, 4 (4): 940-941.

Massman W J, Lee X. 2002. Eddy covariance flux corrections and uncertainties in long-term studies of carbon and energy exchanges. Agriculture and Forest Meteorology, 113: 121-144.

Mohammat A. 2010. Ecosystem carbon stocks and their changes in China's grasslands. Science China Life Sciences, 53 (7): 757-765.

Nelson B W, Mesquita R, Pereira J L G, et al. 1999. Allometric regressions for improved estimate of secondary forest biomass in the central Amazon. Forest Ecology and Management, 117 (1-3): 149-167.

Ni J. 2001. Carbon storage in terrestrial ecosystems of China: estimates at different spatial resolutions and their responses to climate change. Climatic Change, 49 (3): 339-358.

Ni J. 2002. Carbon storage in grasslands of China. Journal of Arid Environments, 50 (2): 205-218.

Olson C M, Martin R E. 1981. Estimating biomass of shrubs and forbs in central Washington Douglas-fir stands. Research Note. No. PNW-380, 6. Portland: Pacific Northwest Forest and Range Experiment Station, USDA Forest Service.

Olson J S, Jerry S, Watts J A, et al. 1983. Carbon in Live Vegetation of Major World Ecosystems. Oak Ridge: Oak Ridge National Laboratory.

Pan Y, Luo T, Birdsey R, et al. 2004. New estimates of carbon storage and sequestration in China's forests: effects of age-class and method on inventory-based carbon estimation. Climatic Change, 67 (2-3): 211-236.

Peng C H, Joel G, Wu H, et al. 2011. Integrating models with data in ecology and palaeoecology: advances towards a model-data fusion approach. Ecology Letters, 14: 522-536.

Piao S L, Fang J Y, Zhou L M, et al. 2007. Changes in biomass carbon stocks in China's grasslands between 1982 and 1999. Global Biogeochemical Cycles, 21 (2), doi: 10.1029/2005GB002634.

Piao S L, Fang J Y, Ciais P, et al. 2010. The carbon balance of terrestrial ecosystems in China. Nature, 458 (7241): 1009-1013.

Prince S D. 1991. Satellite remote sensing of primary production: comparison of results for Sahelian grasslands 1981-1988. International Journal of Remote Sensing, 12 (6): 1301-1311.

Qi Y C, Dong Y S, Liu J Y, et al. 2007. Effect of the conversion of grassland to spring wheat field on the CO_2 emission characteristics in Inner Mongolia, China. Soil and Tillage Research, 94 (2): 310-320.

Schuman G E, Janzen H H, Herrick J E. 2002. Soil carbon dynamics and potential carbon sequestration by rangelands. Environmental Pollution, 116 (3): 391-396.

Scurlock J M O, Johnson K, Olson R J. 2002. Estimating net primary productivity from grassland biomass dynamics measurements. Global Change Biology, 8 (8): 736-753.

Shang Z H, Cao J J, Guo R Y, et al. 2012. Effects of cultivation and abandonment on soil carbon content of subalpine meadows, northwest China. Journal of Soils and Sediments, 12 (6): 826-834.

Shoshany M. 2012. The rational model of shrubland biomass, pattern and precipitation relationships along semi-arid climatic gradients. Journal of Arid Environments, 78 (3): 179-182.

Su Y Z, Li Y L, Cui J Y, et al. 2005. Influences of continuous grazing and livestock exclusion on soil properties in a degraded sandy grassland, Inner Mongolia, northern China. Catena, 59 (3): 267-278.

Taylor B F, Dini P W, Kidson J W. 1985. Determination of seasonal and interannual variation in New Zealand pasture growth from NOAA-7 data. Remote Sensing of Environment, 18 (2): 177-192.

Tucker C J. 1979. Red and photographic infrared linear combinations for monitoring vegetation. Remote Sensing of

Environment, 8 (2): 127-150.

Tucker C J, Vanpraet C L, Sharman M J, et al. 1985. Satellite remote sensing of total herbaceous biomass production in the Senegalese Sahel: 1980-1984. Remote Sensing of Environment, 17 (3): 233-249.

Wang S, Wilkes A, Zhang Z, et al. 2011. Management and land use change effects on soil carbon in northern China's grasslands: a synthesis. Agriculture, Ecosystems and Environment, 142 (3-4): 329-340.

Watson R T, Noble I R, Bolin B, et al. 2000. Land Use, Land-use Change, and Forestry: A Special Report of the Intergovernmental Panel on Climate Change. Cambridge, United Kingdom: Cambridge University Press.

Whittaker R H. 1961. Estimation of net primary production of forest and shrub communities. Ecology, 42 (1): 177-180.

Yang Y H, Ma W H, Mohammat A, et al. 2007. Storage, patterns and controls of soil nitrogen in China. Pedosphere, 17 (6): 776-785.

Yang Y H, Fang J Y, Tang Y, et al. 2008. Storage, patterns and controls of soil organic carbon in the Tibetan grasslands. Global Change Biology, 14 (7): 1592-1599.

Yang Y H, Fang J Y, Ma W, et al. 2010a. Large-scale pattern of biomass partitioning across China's grasslands. Global Ecology and Biogeography, 19 (2): 268-277.

Yang Y H, Fang J Y, Ma W, et al. 2010b. Soil carbon stock and its changes in northern China's grasslands from 1980s to 2000s. Global Change Biology, 16 (11): 3036-3047.

Zhang J, Niu J M, Bao T, et al. 2014a. Human induced dryland degradation in Ordos Plateau, China, revealed by multilevel statistical modeling of normalized difference vegetation index and rainfall time-series. Journal of Arid Land, 6 (2): 219-229.

Zhang J, Niu J M, Buyantuev A, et al. 2014b. A multilevel analysis of effects of land use policy on land-cover change and local land use decisions. Journal of Arid Environments, 108 (3): 19-28.

附录 成果目录

一、发表论文

鲍雅静，李政海，郭鹏，等.2015.草原植物群落生产力及能量功能群组成对年降水量波动的响应.大连民族学院学报，17（5）：433-438.

鲍雅静，覃名茗，李政海，等.2012.羊草叶片SPAD值对水分梯度和氮素添加梯度的响应.中国草地学报，34（4）：26-30.

洪光宇，鲍雅静，周延林，等.2013.退化草原羊草种群根系形态特征对水分梯度的响应.中国草地学报，35（1）：73-78.

胡志超，李政海，黄朔，等.2014.区域尺度上草原植被覆盖变化与碳增汇潜力的遥感分级评价方法研究.内蒙古大学学报（自然科学版），45（5）：540-546.

胡志超，李政海，周延林，等.2014.呼伦贝尔草原退化分级评价及时空格局分析.中国草地学报，36（5）：12-18.

黄奇，刘陟，周延林，等.2015.毛乌素沙地沙柳生物量估测模型研究.内蒙古大学学报（自然科学版），46（3）：256-261.

李剑杨，刘丽，李政海，等.2016.呼伦贝尔草原根系分布特征及其与植物功能类群及草原退化的关系.中国草地学报，38（4）：55-62.

李梦娇，李政海，鲍雅静，等.2016.呼伦贝尔草原载畜量及草畜平衡调控研究.中国草地学报，38（2）：72-78.

李政海，鲍雅静，张靖，等.2015.内蒙古草原退化状况及驱动因素对比分析——以锡林郭勒草原与呼伦贝尔草原为研究区域.大连民族学院学报，17（1）：1-5.

李政海，张靖，刘丽，等.2016.呼伦贝尔草原区返青期的遥感监测研究.大连民族大学学报，18（1）：1-6.

林璐，乌云娜，田村宪司，等.2013.呼伦贝尔典型退化草原土壤理化与微生物性状.应用生态学报，24（12）：3407-3414.

刘陟，黄奇，周延林，等.2014.毛乌素沙地油蒿生物量估测模型研究.中国草地学报，36（4）：24-30.

刘陟，周延林，黄奇，等.2015.毛乌素沙地中间锦鸡儿生物量估测模型.干旱区资源与环境，29（7）：128-133.

龙世友，鲍雅静，李政海，等.2013.内蒙古草原67种植物碳含量分析及与热值的关系研究.草业学报，22（1）：112-119.

秦洁，鲍雅静，李政海，等.2014.糙隐子草根系特征对氮素添加梯度的响应.大连民族学院学报，16（1）：24-28.

秦洁，鲍雅静，李政海，等.2014. 退化草地大针茅根系特征对氮素添加的响应. 草业学报，23（5）：40-48.

秦洁，鲍雅静，李政海，等.2015. 退化草原糙隐子草根系特征及地上高度对水分梯度的响应. 中国草地学报，37（3）：80-86.

秦洁，鲍雅静，李政海，等.2017. 氮素添加和功能群去除对糙隐子草和大针茅根系特征的影响. 生态学报，37（3）：778-787.

王海梅，李政海，王珍.2013. 气候和放牧对锡林郭勒地区植被覆盖变化的影响. 应用生态学报，24（1）：156-160.

元征征，李政海，贾树海，等.2012. 呼伦贝尔林草交错区沙地樟子松林群落结构特征分析. 北方园艺，（20）：79-84.

张靖，鲍雅静，李政海，等.2016.2001–2014 年乌审旗生态系统服务变化分析. 大连民族大学学报，18（3）：198-202.

张靖，李政海，鲍雅静，等.2015. 土地利用变化对生态系统固碳服务影响研究——以内蒙古乌审旗为例. 大连民族学院学报，17（3）：198-201，210.

张靖，牛建明，同丽嘎，等.2013. 多水平/尺度的驱动力变化与沙漠化之间的关系——以内蒙古乌审旗为例. 中国沙漠，33（6）：1643-1653.

张靖，同丽嘎，李政海，等.2016. 内蒙古乌审旗有机碳库变化分析及其增汇调控途径. 生态学报，36（9）：2552-2559.

张靖，同丽嘎，牛建明，等.2014. 政策因素对局地家庭土地利用决策的影响——以乌审旗为例. 干旱区研究，31（2）：362-368.

张靖.2014. 1977–2012 年乌审旗沙漠化演变景观格局分析. 大连民族学院学报，16（3）：253-257.

周丽娜，鲍雅静，李政海，等.2015. 退化草原土壤有机质对氮素添加梯度的响应. 大连民族大学学报，17（3）：433-438.

Wang M M, Bao Y J, Li Z H, et al. 2012. Effect of nitrogen fertilizer on photosynthetic rate of *Leymus chinensis* in grassland of different degrading degrees. Agricultural Science and Technology, 13（9）：1929-1932.

Zhang J, Niu J M, Buyantuev A, et al. 2014. A multilevel analysis of effects of land use policy on land-cover change and local land use decisions. Journal of Arid Environments, 108（3）：19-28.

Zhang J, Niu J M, Bao T, et al. 2014. Human induced dryland degradation in Ordos Plateau, China, revealed by multilevel statistical modeling of normalized difference vegetation index and rainfall time-series. Journal of Arid Land, 6（2）：219-229.

二、学位论文

洪光宇.2013. 退化草原羊草种群根系形态特征对水分与氮素梯度的响应. 呼和浩特：内

蒙古大学硕士学位论文.

胡志超.2014.呼伦贝尔草原区碳增汇功能区划研究.呼和浩特：内蒙古大学硕士学位论文.

黄奇.2014.乌审旗区域植被碳储量估算.呼和浩特：内蒙古大学硕士学位论文.

黄朔.2013.内蒙古自治区呼伦贝尔市植被覆盖格局及生产力分区分析.呼和浩特：内蒙
　　古大学硕士学位论文.

李妮.2014.鄂尔多斯地区植被动态及其与环境因子的关系.呼和浩特：内蒙古大学硕士
　　学位论文.

刘陟.2014.毛乌素沙地主要灌木生物量及其模型的研究.呼和浩特：内蒙古大学硕士学
　　位论文.

柳琳秀.2015.毛乌素沙地三种植物根系垂直分布研究.呼和浩特：内蒙古大学硕士学位
　　论文.

秦洁.2014.退化草原大针茅与糙隐子草根系形态特征对氮素添加梯度的响应.呼和浩特：内蒙
　　古大学硕士学位论文.

孙振.2015.呼伦贝尔草原群落根系分布构型多样化分异规律研究.呼和浩特：内蒙古大
　　学硕士学位论文.

元征征.2013.北方重要生态功能区碳增汇潜力分析及碳汇空间分布规律研究——以呼伦
　　贝尔草原为例.沈阳：沈阳农业大学硕士学位论文.

张靖.2013.多尺度土地利用/覆盖变化机制及模拟研究——以乌审旗为例.呼和浩特：内
　　蒙古大学博士学位论文.

周丽娜.2015.退化草原土壤有机质对氮素添加和功能群去除的响应.呼和浩特：内蒙古
　　大学硕士学位论文.